高等职业教育能

电力系统PLC与变频技术

DIANLI XITONG PLC YU BIANPING JISHU

● 主 编 黄頔
● 副主编 揭慧萍 周 灿 向加佳
　　　　 李 欣 秦 磊 曾红艳

重庆大学出版社

内容提要

本书是高等职业教育电气工程类专业系列教材之一,本教材以行动为导向,以工学结合人才培养模式改革与实践为基础,运用工作任务要素梳理工作过程知识,明确学习内容,按照典型性、对知识和能力的覆盖性、可行性原则,遵循"从完成简单工作任务到完成复杂工作任务"的能力形成规律,设计出电力系统中相关电气控制的 5 个学习情境,11 个工作任务,注重实践能力的培养,贴近职业岗位的核心能力。

本书可作为电气工程类专业的教学用书,和作为自动化类实训的辅导资料,也可作为从事电气自动化、工业控制等从业人员的参考用书。

图书在版编目(CIP)数据

电力系统 PLC 与变频技术/黄頔主编. -- 重庆:重庆大学出版社,2021.12

高等职业教育能源动力与材料大类系列教材

ISBN 978-7-5689-3080-2

Ⅰ.①电… Ⅱ.①黄… Ⅲ.①PLC 技术—高等职业教育—教材 ②变频器—高等职业教育—教材 Ⅳ.①TM571.6 ②TN773

中国版本图书馆 CIP 数据核字(2021)第 260560 号

电力系统 PLC 与变频技术

主 编 黄 頔
副主编 揭慧萍 周 灿 向加佳
李 欣 秦 磊 曾红艳
策划编辑:鲁 黎

责任编辑:陈 力 版式设计:鲁 黎
责任校对:邹 忌 责任印制:张 策

*

重庆大学出版社出版发行
出版人:饶帮华
社址:重庆市沙坪坝区大学城西路 21 号
邮编:401331
电话:(023)88617190 88617185(中小学)
传真:(023)88617186 88617166
网址:http://www.cqup.com.cn
邮箱:fxk@cqup.com.cn(营销中心)
全国新华书店经销
重庆俊蒲印务有限公司印刷

*

开本:787mm×1092mm 1/16 印张:13.25 字数:317 千
2021 年 12 月第 1 版 2021 年 12 月第 1 次印刷
印数:1—2 000
ISBN 978-7-5689-3080-2 定价:48.00 元

高等职业教育能源动力与材料大类

（供电服务）系列教材编委会

根据国家对高等职业教育发展的要求,为落实"十四五"期间高技能人才的培养需要,实现加快培养一大批结构合理、素质优良的技术技能型、复合技能型和知识技能型高技能人才的培养目标,结合高职院校的教学要求和办学特色,编写了本书。

本书的内容及其实施过程有以下特点:

(1)本书以行动为导向,以工学结合人才培养模式改革与实践为基础,运用工作任务要素梳理工作过程知识,明确学习内容,按照典型性、对知识和能力的覆盖性、可行性原则,遵循"从完成简单工作任务到完成复杂工作任务"的能力形成规律,设计了5个学习情境,11个工作任务。通过实施这11个工作任务,使学生在职业情境中"学中做、做中学"。

(2)本书打破了传统教材按章节划分的方法,将相关知识分为11个学习性工作任务,将学生应知应会的知识融入这些任务中。每个任务由学习情境、学习目标、任务书、任务分组、获取信息、实施计划、评价反馈、相关知识点等组成。在基础知识安排上,打破了传统的知识体系,任务中涉及什么知识就重点讲解这些知识,和任务无关或关系不大的内容让学生自学。通过完成任务可使学生学有所用、学以致用。

(3)将知识点与技能点紧密结合,注重培养学生实际动手的能力和解决实际问题的能力,突出了高等职业教育的应用特色,强调以能力为本位,并有明确具体的训练成果展示。

(4)本书的实施应在专业教室中进行,专业教室要配备相关设备(如实验台、常用电工工具和仪表、多媒体设备等)。在专业教室中,学生能够分组学习并实施相关任务。任务评价应根据平时的能力测试、成果展示及最终综合测试来进行。

本书由长沙电力职业技术学院黄頔担任主编并制订编写大纲,揭慧萍、周灿、向加佳、李欣、秦磊、曾红艳担任副主编。项目1由周灿编写,项目2、3由黄頔编写,项目4由向加佳编写,项目5由李欣编写,秦磊、曾红艳参与数字资源建设,揭慧萍对全书进行总体指导,另外,在编写过程中参考了大量的相关文献资料,在此深表谢意。

由于作者水平有限,书中难免存在疏漏之处,恳请读者批评指正。

编　者

2021 年 6 月

项目 1　基本电气系统的控制

任务 1.1　电动机点、连动控制

【任务情境描述】

　　三相异步电动机点动控制是指按下按钮时电动机转动工作,手松开按钮时电动机停转。点动控制多用于机床刀架、横梁、立柱等快速移动和机床对刀等工业场合。其对应的继电器控制电路如图 1.1.1 所示。

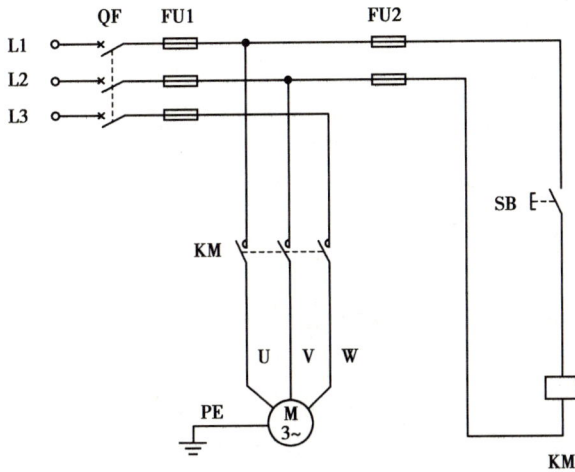

图 1.1.1　三相异步电动机继电器点动控制电路

　　三相异步电动机连动控制是指按下开始按钮时电动机开始运转,松开按钮后电动机仍保持运转状态,按下停止按钮时电动机停止运转。连动控制多用于车床、铣床等工业场合。其对应的继电器控制电路如图 1.1.2 所示。

　　三相异步电动机点动、连续混合控制是指控制电路中有 3 个按钮,一个按钮控制电动机点动的运行方式,一个按钮控制电动机连动的运行方式,一个按钮控制电动机的停止。其对应的继电器控制电路如图 1.1.3 所示。

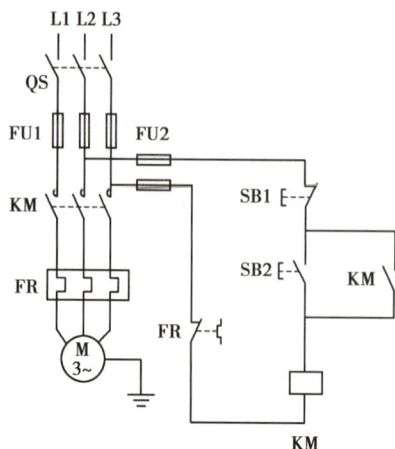

图 1.1.2　三相异步电动机继电器　　　　图 1.1.3　三相异步电动机继电器
　　　　　连动控制电路　　　　　　　　　　　　点动、连续混合控制电路

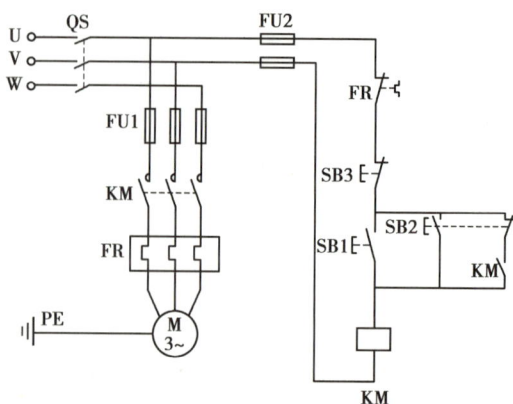

本任务主要针对三相异步电动机继电器点动控制，连动控制，点动、连续混合控制 3 种电路进行 PLC 改造，了解 PLC 的定义、产生、工作原理、工作方式等，掌握 PLC 改造方法，并能对改造的 PLC 电路进行仿真调试。

【任务目标】

知识要求：

1. 熟悉三相异步电动机点动、连动控制电路的工作原理；

2. 了解 PLC 的产生与发展、特点、分类；

3. 掌握 PLC 的功能、结构与工作原理；

4. 掌握 S7 系列 PLC 的硬件接线；

5. 掌握继电器控制改造成 PLC 控制的方法。

能力要求：

1. 能设计电动机点动、连续混合控制电路的 I/O 分配表；

2. 能绘制电动机点动、连续混合控制电路的硬件接线图；

3. 能进行电动机点动、连续混合控制电路的 PLC 改造；

4. 能进行电动机点动、连续混合控制电路的仿真调试。

素质要求：

1. 具备与团队成员进行良好协作的能力；

2. 具备基本职业道德的素养；

3. 具有精益求精、严谨细致的工作态度；

4. 具备创新的意识；

5. 具有安全规范操作的意识。

【任务书】

任务名称:三相异步电动机点动、连续混合继电器控制 PLC 改造。

任务内容:

本任务将三相异步电动机点动、连续混合继电器控制进行 PLC 改造。具体要求如下:

①当按下按钮 SB1 时,电动机启动运转;当松开按钮 SB1 时,电动机保持运转状态。

②当按下按钮 SB2 时,电动机启动运转;当松开按钮 SB2 时,电动机停止运转。

③当按下按钮 SB3 时,电动机停止运转。

任务清单见表 1.1.1。

表 1.1.1   任务清单

任务内容	任务要求	验收方式
完成 I/O 分配表	I/O 分配表中包含 PLC 端子名称、外部信号及作用	材料提交
完成硬件接线图	符合电气接线原理图绘图原则及标准规定	成果展示
根据硬件接线图完成硬件接线	符合 PLC 控制接线规范准则	成果展示
完成 PLC 改造,绘制梯形图	符合梯形图的编制原则	材料提交
仿真调试	实现任务功能性要求	成果展示

【任务分组】

任务分配表见表 1.1.2。

表 1.1.2   学生任务分配表

班级		组号		指导老师	
组长		学号			
组员 1		学号			
组员 2		学号			

续表

任务分工:		
设计任务	主要内容	分 工

【获取信息】

点动继电器控制原理

引导问题 1：分析三相异步电动机点动继电器控制原理。

_____

_____

_____

引导问题 2：分析三相异步电动机连动继电器控制原理。

_____

_____

_____

三相异步电动机连动
继电器控制原理

引导问题 3：分析三相异步电动机点动、连续混合继电器控制原理。

_____

_____

_____

引导问题 4：三相异步电动机点动继电器控制电路中添加热继电器，热继电器在 PLC 改造中应该如何处理？

_____

_____

_____

_____

引导问题 5：如何安装使用 STEP7-Micro/WIN 编程软件？

_____

_____

_____

软件介绍

引导问题 6：如何对三相异步电动机点动继电器控制进行 PLC 改造？

_____

_____

_____

_____

三相异步电动机连动继
电器控制进行 PLC 改造

【制订计划】

1. 预订计划

学生思考任务方案，并在表 1.1.3 中用适当的方式予以表达。

表 1.1.3　计划制订工作单（成员使用）

1. 任务解决方案

建议从不同功能要求分别描述解决方案。

_____

_____

_____

_____

_____

2. 任务涉及设备信息、使用工具、材料列表

需要的电气装置、电气元件等	
需要的工具	
需要的材料	

2. 确定计划

请根据小组讨论及教师引导选择决策方式。小组根据检查、讨论确定计划，并在表 1.1.4 中用适当的方式予以表达。

表 1.1.4　计划决策工作单(小组决策使用)

1. 小组讨论决策

负责人:＿＿＿＿讨论发言人:＿＿＿＿＿＿＿＿＿＿＿＿＿＿＿＿＿＿＿

决策结论及方案变更:

＿＿＿＿＿＿＿＿＿＿＿＿＿＿＿＿＿＿＿＿＿＿＿＿＿＿＿＿＿＿＿＿＿

＿＿＿＿＿＿＿＿＿＿＿＿＿＿＿＿＿＿＿＿＿＿＿＿＿＿＿＿＿＿＿＿＿

＿＿＿＿＿＿＿＿＿＿＿＿＿＿＿＿＿＿＿＿＿＿＿＿＿＿＿＿＿＿＿＿＿

＿＿＿＿＿＿＿＿＿＿＿＿＿＿＿＿＿＿＿＿＿＿＿＿＿＿＿＿＿＿＿＿＿

＿＿＿＿＿＿＿＿＿＿＿＿＿＿＿＿＿＿＿＿＿＿＿＿＿＿＿＿＿＿＿＿＿

＿＿＿＿＿＿＿＿＿＿＿＿＿＿＿＿＿＿＿＿＿＿＿＿＿＿＿＿＿＿＿＿＿

2. 小组互换决策

优点	缺点	综合评价 (A、B、C、D)	签名

3. 人员分工与进度安排

内容	人员	时间安排	备注

【实施计划】

　　按照确定的计划进行电路设计、元器件选择、配线、PLC 程序设计与调试等工作,并将实施的主要流程环节中遇到问题及完成时间填写至表 1.1.10 中,部分成果分别填写至表 1.1.5—表 1.1.9中。

表 1.1.5　元件和材料清单

元件或材料名称	符号	型号	数量

表 1.1.6　I/O 分配表

输入			输出		
输入元件	作用	输入继电器	输出元件	作用	输出继电器

表 1.1.7　I/O 接线图

表 1.1.8　梯形图设计

表 1.1.9　调试方案设计

序号	操作步骤	预计出现结果

表 1.1.10 过程记录

问题	解决方法或思路

【评价反馈】

评分标准见表 1.1.11。

表 1.1.11 评分标准

评价内容		配分	考核点	评分细则
职业基本素养（20分）	作业前期准备	10分	写出作业前准备工作： 1. 正确着装,穿戴劳动防护用品； 2. 正确检查工作现场的电源位置与状态,确保操作的安全性； 3. 正确清点操作所需仪表、工具、元器件的数量,并检查其状态符合作业要求。	1. 未按要求写出着装要求,扣3分； 2. 未按要求写出清点工具、仪表等,每项扣1分； 3. 未按要求写出工具摆放整齐,扣3分。
	6S规范	10分	写出 6S 规范： 1. 作业全程正确使用和摆放工器具、仪表、元器件,不出现使用及摆放不当造成的器具损坏； 2. 作业过程中无不文明行为,独立完成考核内容,能进行合理沟通与交流,正确应对突发事件； 3. 具有安全用电意识,操作符合安全规程要求； 4. 合理、正确选取材料,不造成材料浪费； 5. 作业结束后清理工器具、打扫工作现场。	1. 未按要求写出操作过程中摆放工具、仪表,杂物等,扣5分； 2. 未按要求写出完成任务后清理工位,扣5分； 3. 未按要求写出,换线断电,损坏设备,考试成绩为0分。

续表

评价内容		配分	考核点	评分细则
专业知识与技能（80分）	地址分配	20分	I/O 的选择符合题目控制要求。	I/O 未按题目要求设置，每处扣2分。
	控制程序输入	20分	1. 熟练操作编程软件，将设计程序正确输入计算机，写入 PLC； 2. 发现错误的输入点，能够进行更正。	1. 不会熟练操作软件输入程序，扣10分； 2. 不会进行程序删除、插入、修改等操作，每项扣2分； 3. 不会联机下载调试程序，扣10分。
	硬件接线	20分	熟练地按照硬件接线图接线。	无法按系统接线图正确安装，扣20分。
	功能调试	20分	1. 正确分析、处理调试中遇到的软、硬件故障，并能优化程序； 2. 正确记录程序运行、调试过程中的各种参数，以及故障现象，处理过程等。	1. 不能按控制要求调试系统，扣10分； 2. 不能达到控制要求，每处扣5分； 3. 调试时造成元件损坏或者熔断器熔断，每次扣10分。

组员任务量见表 1.1.12。

表 1.1.12　组员任务量

姓名	完成的工作	加权系数（教师给定）

评分见表 1.1.13。

表 1.1.13　评分

小组得分	（填组员姓名）得分	（　　）得分	（　　）得分	（　　）得分

【相关知识】

1.1.1　PLC 的产生与发展

1）PLC 的产生

可编程控制器的起源可以追溯到20世纪60年代。20世纪60年代末，由于市场的需要,工业生产开始从大批量、少品种的生产方式转变为小批量、多品种的生产方式。这种生产方式在汽车生产中得到了充分体现,当时汽车组装生产线采用继电器控制系统,这种控制系统体积大,耗电多,特别是改变生产程序很困难。1968 年,美国通用汽车公司(GM)为适应生产工艺不断更新的需要,提出一种设想:把计算机的功能完善、通用、灵活等优点与继电器控制系统的简单易懂、操作方便、价格便宜等优点结合起来,制成一种通用控制装置。这种通用控制装置把计算机的编程方法和程序输入方式加以简化,采用面向控制过程、面向对象的语言编程,使不熟悉计算机的人能方便地使用。

通用公司提出了以下 10 项招标指标:

①编程方便,可现场修改程序。

②维修方便,采用插件式结构。

③可靠性高于继电器控制装置。

④体积小于继电器控制盘。

⑤数据可直接送入管理计算机。

⑥成本可与继电器控制竞争。

⑦输入值可为市电。

⑧输出值为市电,容量要求在 2 A 以上,可直接驱动接触器等。

⑨扩展时原系统改变较小。

⑩用户存储器大于 4 kB。

这 10 项指标实际上就是现在可编程控制器的基本功能。

美国数字设备公司(DEC)根据这一设想,于 1969 年成功研制了第一台可编程控制器,并在汽车自动装配线上试用成功。该设备以计算机作为核心设备,其控制功能是通过存储在计算机中的程序来实现的,这就是人们常说的存储程序控制。当时主要用于顺序控制,只能进行逻辑运算,称为可编程逻辑控制器(Programmable Logic Controller,PLC)。

进入 20 世纪 80 年代,随着微电子技术和计算机技术的迅猛发展,使得可编程控制器逐步形成了独具特色的多种系列产品。系统中不仅使用了大量的开关量,也使用了模拟量,其功能远远超出逻辑控制、顺序控制的应用范围,美国电气制造协会(NEMA)于 1980 年对它进行重命名,称为可编程控制器(Programmable Controller,PC)。由于 PC 容易与个人计算机(Personal Computer)混淆,因此人们还沿用 PLC 作为可编程控制器的英文缩写名字。

2)PLC 的发展

20 世纪 70 年代初出现了微处理器,人们很快便将其引入可编程控制器,使 PLC 增加了运算、数据传送及处理等功能,完成了真正具有计算机特征的工业控制装置。

20 世纪 70 年代中末期,可编程控制器进入实用化发展阶段,计算机技术全面引入可编程控制器中,使其功能发生了飞跃。更高的运算速度、超小型体积、更可靠的工业抗干扰设计、模拟量运算、PID 功能及极高的性价比奠定了它在现代工业中的地位。

20 世纪 80 年代初,可编程控制器在先进的工业国家中获得广泛应用。世界上生产可编程控制器的国家日益增多,产量日益上升。这标志着可编程控制器步入成熟阶段。

20 世纪 80 年代至 20 世纪 90 年代中期是 PLC 发展最快的时期。在这期间,PLC 的年增长率一直保持为 30% ~ 40%。同时,PLC 在处理模拟量、数字运算、人机接口和网络等方面得到大幅度提升,并逐渐进入过程控制领域,在某些应用上取代了在过程控制领域处于统治地位的 DCS 系统。

20 世纪末,可编程控制器的发展更加适应现代工业的需要。这个时期发展了大型机和超小型机,诞生了各种各样的特殊功能单元,生产了各种人机界面单元、通信单元,使应用可编程控制器的工业控制设备的配套更加容易。

近年来 PLC 发展迅速。PLC 集电控、电仪、电传三电为一体,其具有性价比高、可靠性高的特点,成为自动化工程的核心设备。PLC 成为具备计算机功能的一种通用工业控制装置,其使用量较高,并成为现在工业自动化的三大技术支柱(PLC、机器人、CAD/CAM)之一。

1.1.2 PLC 的特点和主要功能

1) PLC 的特点

为适应工业环境的使用,与一般控制装置相比,PLC 具有以下特点:

①可靠性高,抗干扰能力强。工业生产对控制设备的可靠性要求是平均故障间隔时间长、故障修复时间(平均修复时间)短。

可编程控制器是专为工业控制而设计的,在硬件与软件两个方面采用了屏蔽、滤波、隔离、诊断和自动恢复等措施。这些措施大大地提高了 PLC 的可靠性和抗干扰能力,其平均无故障时间可达 5 万小时。

②通用性强,控制程序可变,使用方便。PLC 品种齐全的各种硬件装置,可以组成能满足各种要求的控制系统,用户不必自己再设计和制作硬件装置。用户在硬件确定以后,在生产工艺流程改变或生产设备更新的情况下,不必改变 PLC 的硬件设备,只需改编程序就可以满足要求。PLC 除应用于单机控制外,在工厂自动化中也被大量采用。

③功能强,适应面广。现代 PLC 不仅有逻辑运算、计时、计数、顺序控制等功能,还具有数字和模拟量的输入/输出、功率驱动、通信、人机对话、自检、记录显示等功能。PLC 既可以控制一台生产机械、一条生产线,又可以控制一个生产过程。

④编程简单,容易掌握。目前,大多数 PLC 仍采用继电控制形式的"梯形图"编程方式。这种方式既继承了传统控制线路清晰直观的特点,又考虑了大多数工厂企业电气技术人员的读图习惯及编程水平,容易被接受和掌握。梯形图语言中编程元件的符号和表达方式与继电器控制电路原理图相当接近,同时还提供了功能图、语句表等编程语言。

⑤减少了控制系统的设计及施工的工作量。PLC 采用了软件来取代继电器控制系统中大量的中间继电器、时间继电器、计数器等器件,控制柜的设计、安装、接线工作量大为减少。同时,PLC 的用户程序可以在实验室模拟调试,减少了现场的调试工作量。PLC 的低故障率及强大的监视功能、模块化结构等,使维修变得极为方便。

⑥体积小、质量轻、功耗低、维护方便。采用半导体集成电路,与传统控制系统相比较,其体积小、质量轻、功耗低。

2)PLC 的主要功能

随着 PLC 技术的发展,PLC 的功能从最初的单机、逻辑控制,发展成为能够联网的、功能丰富的控制与管理器。

①逻辑控制。这是 PLC 最初能完成的功能,能实现多种逻辑组合的控制任务。

②运动控制。PLC 配上相应的运动控制模块能够实现机械加工中的计算机数控技术。

③模拟量控制。在连续型生产过程中,通常要对某些模拟量(如电压、电流、温度、压力等)进行控制,这些量的大小是连续变化的。PLC 进行模拟量控制,要配置有模拟量与数字量相互转换的 A/D、D/A 单元。

1.1.3　PLC 的分类

1)按结构形式分类

按结构形式分类,PLC 可分为整体式和模块式两种,如图 1.1.4 所示。

①整体式结构的可编程控制器将电源、CPU、存储器、I/O 系统都集成在一个单元内,该单元称为基本单元,一个基本单元就是一台完整的 PLC。当 PLC 的控制点数不满足需要时,可再接扩展单元。整体式结构的特点是非常紧凑,体积小,质量轻,价格低,I/O 点数固定,使用不灵活。西门子公司的 S7-200 属于这种结构。

②模块式结构的可编程控制器将 PLC 系统的各个组成部分按功能分成若干个模块,如 CPU 模块、输入模块、输出模块、电源模块等,把这些模板插入机架底板上,组装在一个机架内。这种结构配置灵活,装配方便,便于扩展。西门子公司的 S7-300/400 属于这种结构。

图 1.1.4　整体式与模块式 PLC

2)按输入、输出点数和存储容量分类

按输入、输出点数和存储容量分类,PLC 大致可分为大、中、小型 3 种。

①小型 PLC 的输入、输出点数在 256 点以下,用户程序存储容量在 4 KB 字以下,如西门子公司的 S7-200。

②中型 PLC 的输入、输出点数为 256 ~ 2 048 点,用户程序存储容量一般为 2 ~ 8 KB 字,如西门子公司的 S7-300。

③大型 PLC 的输入、输出点数在 2 048 点以上,用户程序存储容量一般为 8~16 KB,如西门子公司的 S7-400。

3)按功能分类

按功能分类,PLC 可分为低档机、中档机和高档机 3 种。

①低档 PLC 具有逻辑运算、定时、计数等功能,有的还增设模拟量处理、算术运算、数据传送等功能。

②中档 PLC 除具有低档机的功能外,还具有较强的模拟量输入/输出、算术运算、数据传送等功能,可完成既有开关量又有模拟量控制的任务。

③高档 PLC 增设具有带符号算术运算及矩阵运算等功能,使运算能力更强。此外,它还具有模拟调节、联网通信、监视、记录和打印等功能,以及进行远程控制,构成分布式控制系统,使整个工厂成为自动化网络的形式。

1.1.4 PLC 的基本结构和工作原理

PLC 由于其自身的特点,在工业生产的各个领域得到越来越广泛的应用,而作为 PLC 的用户,要正确地使用 PLC 去完成各种不同的控制任务,应了解其基本结构和工作原理。

1)PLC 的基本结构

PLC 的结构分为整体式和模块式两类。整体式 PLC 所有部件在同一机壳内,其组成框图如图 1.1.5 所示。模块式 PLC 各个部件独立封装成模块,各模块通过总线连接,安装在机架或导轨上,其组成框图如图 1.1.6 所示。无论是哪种结构类型的 PLC,都可以根据用户需要进行配置与组合。尽管整体式和模块式 PLC 的结构不太一样,但各部分的功能作用是相同的。

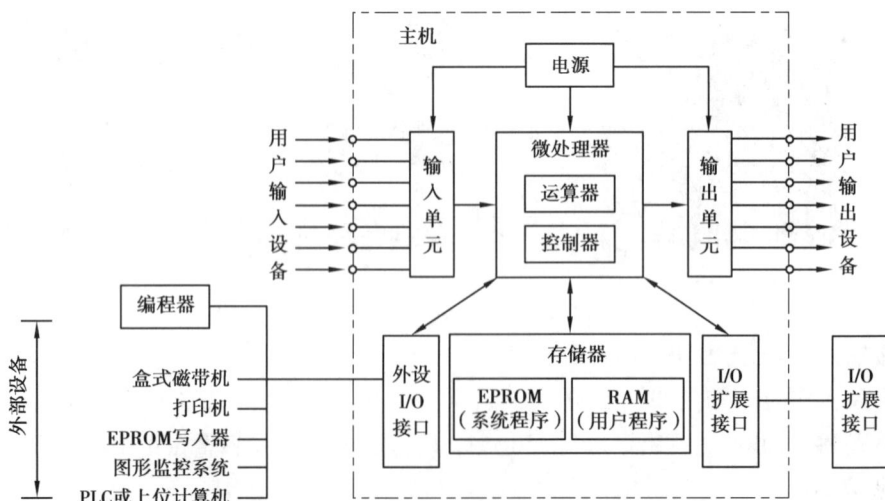

图 1.1.5 整体式 PLC 组成框图

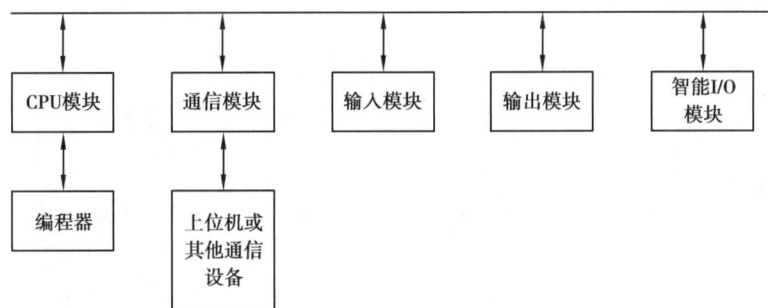

图 1.1.6   模块式 PLC 组成框图

（1）中央处理单元

中央处理单元（CPU）是 PLC 的控制核心，包括微处理器和控制接口电路。微处理器是 PLC 的运算控制中心，通过它实现逻辑运算，协调控制系统内部各部分的工作，它的运行是按照系统程序所赋予的任务进行的。

CPU 具有以下功能：

①接收通信接口送来的程序和信息，并将它们存入存储器。

②采用循环检测（即扫描检测）方式不断检测输入接口送来的状态信息，以判断设备的输入状态。

③逐条运行存储器中的程序，并进行各种运算，再将运算结果存储下来，然后通过输出接口输出，以对输出设备进行有关的控制。

④监测和诊断内部各电路的工作状态。

（2）存储器

PLC 存储器的功能是存储器和数据。PLC 的存储器包括系统程序存储器和用户程序存储器两种。存放系统软件的存储器称为系统程序存储器；存放应用软件的存储器称为用户程序存储器。

（3）输入/输出接口电路

输入/输出接口（即输入/输出电路）又称 I/O 接口或 I/O 模块，是 PLC 与外围设备之间的连接部件。

①输入接口电路由光耦合电路和微机的输入接口电路组成，其作用是将按钮、行程开关或传感器等产生的信号输入 CPU。

PLC 的输入接口分为数字量输入接口和模拟量输入接口，数字量输入接口用于接收"1、0"数字信号或开关通断信号，又称为开关量输入接口；模拟量输入接口用于接收模拟量信号。模拟量输入接口通常采用 A/D 转换电路，将模拟量信号转换成数字信号。数字量输入接口如图 1.1.7 所示。

②输出接口电路由输出数据寄存器、选通电路和中断请求电路组成，其作用是将 CPU 向外输出的信号转换成可以驱动外部执行元件的信号，以便控制接触器线圈等电器的通、断电。

PLC 的输出接口分为数字量输出接口和模拟量输出接口。模拟量输出接口通常采用

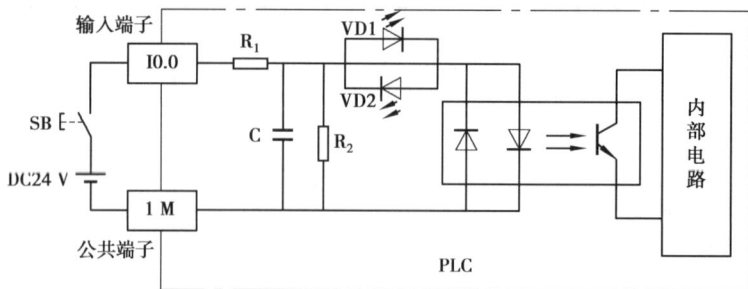

图 1.1.7　数字量输入接口电路

D/A 转换电路,将数字量信号转换成模拟量信号。数字量输出接口采用的电路形式较多,根据使用的输出开关器件不同可分为继电器输出接口、晶体管输出接口和双向晶闸管输出接口。

　　继电器输出接口电路如图 1.1.8 所示,其特点是可驱动交流或直流负载,允许通过的电流大,但其响应时间长,通断变化频率低。

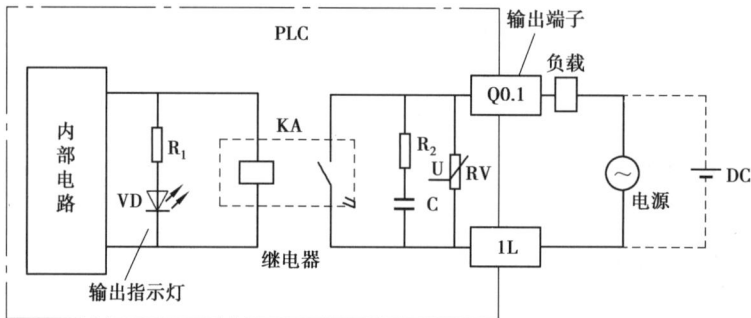

图 1.1.8　继电器输出接口电路

　　晶体管输出接口电路如图 1.1.9 所示,其特点是反应速度快,通断频率高(可达 20 ~ 100 kHz),但只能用于驱动直流负载,且过流能力差。

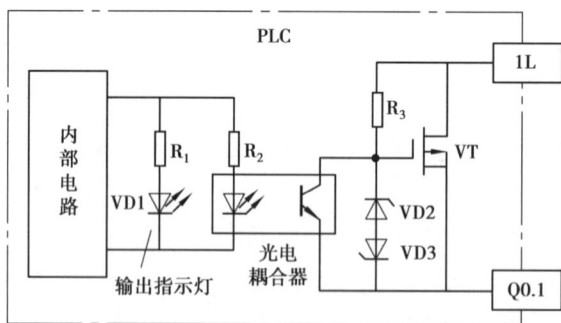

图 1.1.9　晶体管输出接口电路

　　晶闸管输出接口电路如图 1.1.10 所示,采用双向晶闸管型光电耦合器。当光电耦合器内部的发光管发光时,内部的双向晶闸管可以双向导通。双向晶闸管输出接口电路的特点是响应速度快,动作频率高,通常用于驱动交流负载。

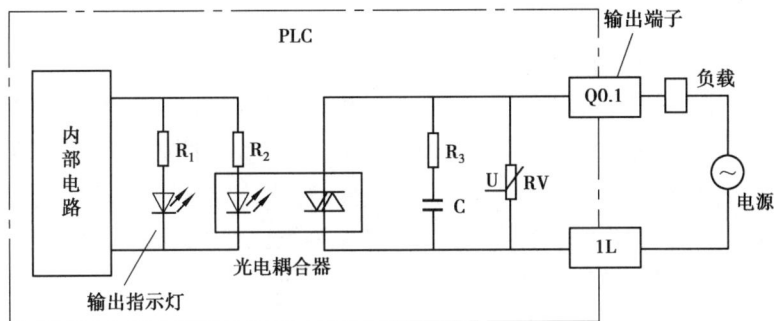

图 1.1.10　晶闸管输出接口电路

（4）通信接口

PLC 配有通信接口，PLC 可通过通信接口与编程器、打印机、其他 PLC、计算机等设备实现通信。PLC 与编程器或写入器连接，可以接收编程器或写入器输入的程序；PLC 与打印机连接，可将过程信息、系统参数等打印出来；PLC 与人机界面（如触摸屏）连接，可以在人机界面直接操作 PLC 或监视 PLC 工作状态；PLC 与其他 PLC 连接，可组成多机系统或连成网络，实现更大规模控制；PLC 与计算机连接，可组成多级分布式控制系统，实现控制与管理相结合。

（5）输入/输出扩展接口

输入/输出扩展接口是 PLC 主机用于扩展输入/输出点数和类型的部件，其目的是提升PLC 的性能，增强 PLC 的控制功能，如高速计数模块、闭环控制模块、运动控制模块、中断控制模块等。

（6）外部设备接口

外部设备接口是 PLC 主机实现人机对话、机机对话的通道。

（7）电源单元

PLC 电源在整个系统中起着十分重要的作用，它把外部供应的电源变换成系统内部各单元所需的电源，有的电源单元还向外提供直流电源，作为开关量输入单元连接现场的电源使用。电源单元还包括掉电保护电路和后备电池电源，以保持 RAM 在外部电源断电后存储的内容不丢失。

PLC 电源一般使用 220 V 交流电源或 24 V 直流电源，内部的开关电源为 PLC 的中央处理器、存储器等电路提供 5 V、12 V、24 V 直流电源，使 PLC 能正常工作。PLC 的电源对电网提供的电源稳定度要求不高，一般允许电源电压在其额定值 ±15% 的范围内波动。

2）PLC 的工作原理

PLC 的运行是通过执行反映控制要求的用户程序来完成的，需要执行众多的操作，但CPU 不可能同时去执行多个操作，它只能按分时操作（串行工作）方式，每次执行一个操作并按顺序逐个执行。由于 CPU 的运算处理速度很快，所以从宏观上看，PLC 外部出现的结果似乎是同时（并行）完成的，这种串行工作方式称为 PLC 的扫描工作方式。

对每个程序，CPU 从第一条指令开始执行，按指令步序号对程序作周期性的循环扫描，如果无跳转指令，则从第一条指令开始逐条执行用户程序，直至遇到结束符后返回第一条指令,如此周而复始不断循环,每一个循环称为一个扫描周期。

PLC 的扫描工作方式与继电器—接触器控制的工作原理明显不同。继电器—接触器控制装置采用硬逻辑的并行工作方式,如果某个继电器的线圈通电或断电,那么该继电器的所有常开和常闭触点无论处在控制电路的哪个位置上,都会立即同时动作;而 PLC 采用扫描工作方式(串行工作方式),如果某个软继电器的线圈被接通或断开,其所有的触点不会立即动作,必须等扫描到该触点时才会动作。PLC 的扫描速度快,通常 PLC 与继电器—接触器控制装置在 I/O 的处理结果上并没有什么差别。

(1)PLC 的工作过程

扫描周期的长短主要取决于 3 个因素:一是 CPU 执行指令的速度;二是 CPU 执行每条指令占用的时间;三是程序中指令条数的多少。PLC 的工作过程主要分为 3 个阶段,即输入采样阶段、程序执行阶段和输出刷新阶段,如图 1.1.11 所示。

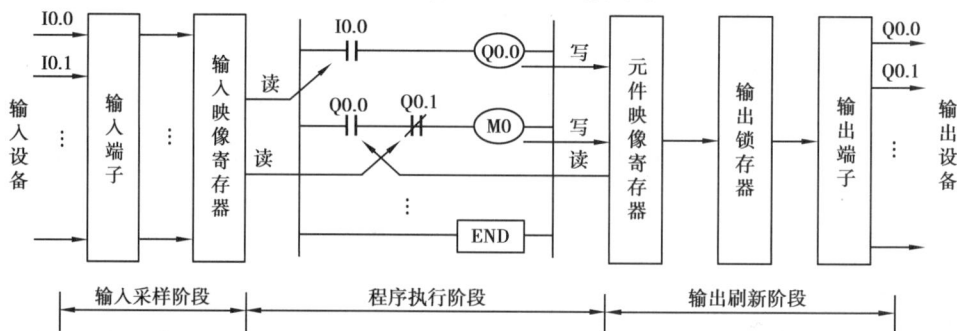

图 1.1.11 PLC 的工作过程示意图

①输入采样阶段。在输入采样阶段,CPU 扫描全部输入端口,读取其状态并写入输入映像寄存器中,此时输入映像寄存器被刷新,进入程序处理阶段。在程序执行阶段或其他阶段,即使输入端状态发生变化,输入映像寄存器的内容也不会改变,而这些变化必须等到一工作周期的输入刷新阶段才能被读入。

②程序执行阶段。在程序执行阶段,PLC 对程序按顺序进行扫描执行。若程序用梯形图来表示,在扫描每一条梯形图时,总是先扫描梯形图左边的由各触点构成的控制线路,并按先左后右、先上后下的顺序进行。当遇到程序跳转指令时,则根据跳转条件是否满足来决定程序是否跳转;当指令中涉及输入、输出状态时,PLC 分别从输入映像寄存器和输出映像寄存器中读出状态,根据用户程序进行运算,运算的结果再存入输出映像寄存器中。对于输出映像寄存器来说,其内容会随程序执行的过程而变化。

③输出刷新阶段。当所有指令执行完毕后,PLC 将输出状态寄存器中与输出有关的状态(输出继电器状态)转存到输出锁存电路(输出映像寄存器),并通过一定的输出方式,驱动外部相应执行元件工作,形成 PLC 的实际输出。

由此可知,输入采样、程序执行和输出刷新 3 个阶段构成了 PLC 的一个工作周期,循环往复,称为循环扫描工作方式。

(2)PLC 的扫描周期

比较如图 1.1.12 所示的两段程序的异同。

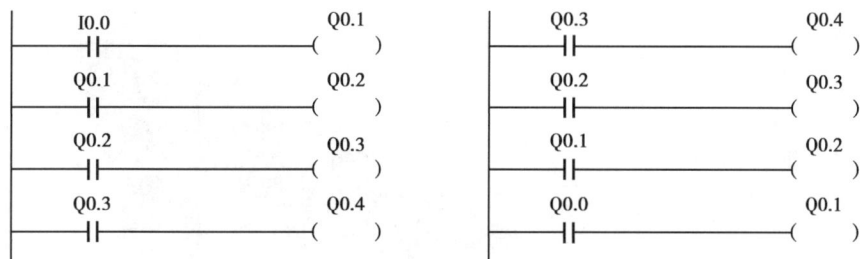

图 1.1.12　梯形图对比

这两段程序执行的结果完全一样,但在 PLC 中执行的过程却不一样。程序一只用一次扫描周期就可完成对 Q0.4 的刷新;程序二要用 4 次扫描周期,才能完成对 Q0.4 的刷新。

这两个例子说明,同样的若干条梯形图,其排列次序不同,执行时间也可能不同。另外,采用扫描用户程序的运行结果与继电器控制装置的硬逻辑并行运行的结果有所区别。当然,如果扫描周期所占用的时间对于整个运行来说可以忽略,那么两者之间就没有什么区别了。

一般来说,一个扫描周期等于自诊断、通信、输入采样、用户程序执行、输出刷新等所有时间的总和,如图 1.1.13 所示。

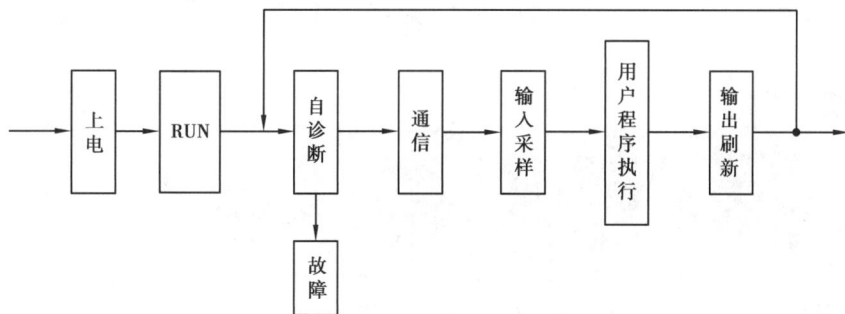

图 1.1.13　PLC 扫描周期示意图

1.1.5　S7 系列与 S7-200 系列 PLC

1) S7 系列 PLC

S7 系列 PLC 是西门子生产的可编程控制器,它包括小型机(S7-200、S7-1200 系列)、中大型机(S7-300C、S7-300 和 S7-400 系列)。S7 系列 PLC 如图 1.1.14 所示,图中的 LOGO!为智能逻辑控制器。

2) S7-200 系列 PLC

S7-200 是 S7 系列中的小型 PLC,常用在小型自动化设备中。根据使用的 CPU 模块不同,S7-200 系列 PLC 可分为 CPU 221、CPU 222、CPU 224、CPU 226 等类型,除 CPU 221 无法扩展外,其他类型都可以通过增加扩展模块来增加功能。

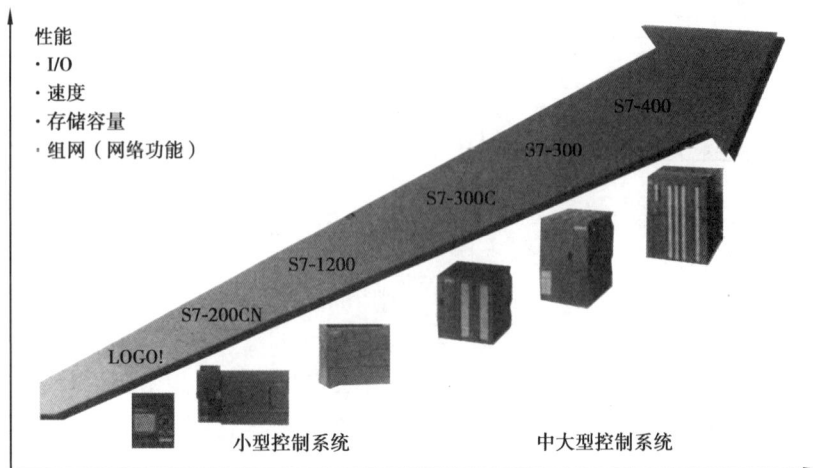

图 1.1.14　S7 系列 PLC

（1）硬件与端子介绍

S7-200 系列 PLC 型号较多，以 S7-224CN（即 CPU 224）为例进行说明。S7-224CN 的硬件与端子如图 1.1.15 所示。

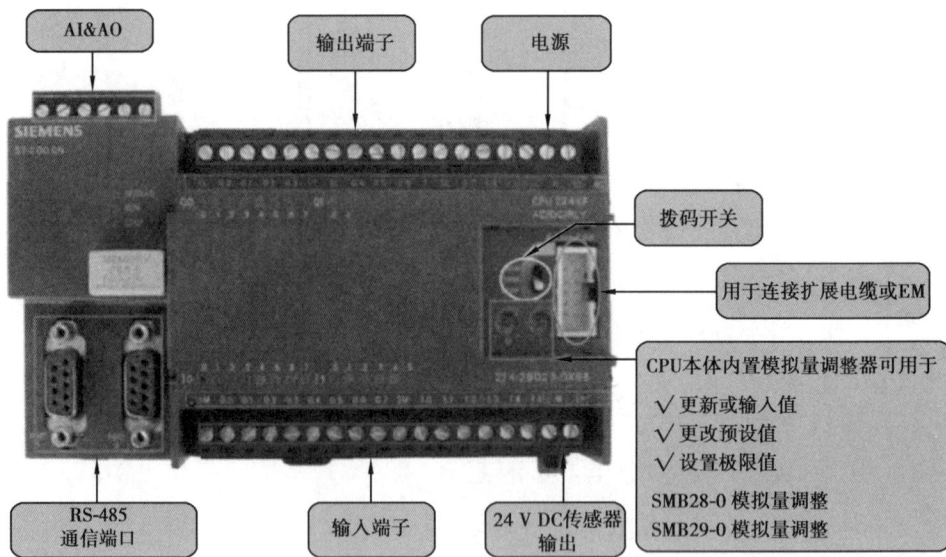

图 1.1.15　S7-224CN 的硬件与端子

①输入接线端子：用于连接外部控制信号。在 PLC 底部端子盖下是输入接线端子和为传感器提供的 24 V 直流电源。

②输出接线端子：用于连接被控设备。在 PLC 顶部端子盖下是输出接线端子和 PLC 工作电源。

③状态指示灯（LED）：显示 CPU 所处的工作状态，分别为 RUN（运行）、STOP（停止）、SF（系统故障）。其作用见表 1.1.14。

表 1.1.14   CPU 状态指示灯的作用

名称	状态及作用	
RUN	运行状态(亮)	执行用户程序
STOP	停止状态(亮)	不执行用户程序,可以通过编程装置向 PLC 装载程序或进行系统设置
SF	系统故障(亮)	严重出错或硬件故障

④输入状态指示:用于显示是否有控制信号(如控制按钮、行程开关、接近开关、光电开关等数字量信息)接入 PLC。

⑤输出状态指示:用于显示是否有信号输出到执行设备(如接触器、电磁阀、指示灯等)。

⑥扩展模块:通过扁平电缆线,连接数字量 I/O 扩展模块、模拟量 I/O 扩展模块、热电偶模块和通信模块等。

⑦通信端口:支持 PPI、MPI 通信协议,有自由口通信能力,用以连接编程器(手持式或 PC)、文本/图形显示器以及 PLC 网络等外围设备。

⑧模拟电位器:模拟电位器用来改变特殊寄存器(SMB28、SMB29)中的数值,以改变程序运行时的参数,如定时器、计数器的预置值,过程量的控制参数等。

(2)S7-200 CPU22X 系列技术性能

CPU22X 主机的技术指标见表 1.1.15。

表 1.1.15   CPU22X 系列的技术指标

项目名称	CPU221	CPU222	CPU224	CPU226	CPU226XM
用户程序区	4 KB	4 KB	8 KB	8 KB	16 KB
数据存储区	2 KB	2 KB	5 KB	5 KB	10 KB
主机数字量输入/输出点数	6/4	8/6	14/10	24/16	24/16
模拟量输入/输出点数	无	16/16	32/32	32/32	32/32
扫描时间(1 条指令)	0.37 ns	0.37 ns	0.37 ns	0.37 μs	0.37 ns
最大输入/输出点数	256	256	256	256	256
位存储区	256	256	256	256	256
定时器	256	256	256	256	256
计数器	256	256	256	256	256
允许最大的扩展模块	无	2 模块	7 模块	7 模块	7 模块
允许最大的智能模块	无	2 模块	7 模块	7 模块	7 模块
时钟功能	可选	可选	内置	内置	内置
数字量输入滤波	标准	标准	标准	标准	标准
模拟量输入滤波	无	标准	标准	标准	标准
高速计数器	4 个 30 kHz	4 个 30 kHz	6 个 30 kHz	6 个 30 kHz	6 个 30 kHz

续表

项目名称	CPU221	CPU222	CPU224	CPU226	CPU226XM
脉冲输出	2 个 20 kHz	2 个 20 kHz	2 个 20 kHz	2 个 20 kHZ	2 个 20 kHz
通信口	1 × RS485	1 × RS485	1 × RS485	2 × RS485	2 × RS485

由表 1.1.15 可知,CPU22X 系列具有不同的技术性能,使用于不同要求的控制系统。

①CPU221:用户程序和数据存储容量较小,有一定的高速计数处理能力,适合用于点数少的控制系统。

②CPU222:与 CPU221 相比,它可以进行一定模拟量的控制,可以连接两个扩展模块,应用更为广泛。

③CPU224:与前两者相比,存储容量扩大了一倍,有内置时钟,它有更强的模拟量和高速计数的处理能力,使用很普遍。

④CPU226:与 CPU224 相比增加了通信口的数量,通信能力大大增强,可用于点数较多、要求较高的小型或中型控制系统。

⑤CPU226XM:是西门子公司推出的一款增强型主机,主要在用户程序和数据存储容量上进行了扩展,其他指标和 CPU226 相同。

1.1.6 S7 系列 PLC 的硬件接线

输入/输出接口电路是 PLC 与被控对象间传递输入/输出信号的接口部件。各输入/输出点的通、断状态用发光二极管(LED)显示,外部接线一般在 PLC 的接线端子上。

S7-200 系列 CPU22X 主机的输入回路为直流双向光耦合输入电路,输出有继电器和晶体管两种类型。如 CPU224PLC,一种是 CPU224AC/DC/继电器型,其含义为交流 24 V 输入电源,提供 24 V 直流给外部元件(如传感器等),继电器方式输出,14 点输入,10 点输出;另一种是 CPU224DC/DC/DC 型,其含义为直流 24 V 输入,提供 24 V 直流给外部元件(如传感器等),半导体元件直流方式输出,14 点输入,10 点输出。用户可根据需要选择输入、输出类型。

1)输入接线

CPU224 的主机共有 14 个输入点(I0.0—I0.7、I1.0—I1.5)和 10 个输出点(Q0.0—Q0.7、Q1.0—Q1.1)。CPU224 输入电路接线如图 1.1.16 所示。系统设置 1 M 为输入端子 I0.0—I0.7 的公共端,2M 为 I1.0—I1.5 输入端子的公共端。

2)输出接线

CPU224 的输出电路有晶体管输出和继电器输出两种电路供用户选用。在晶体管输出电路中,PLC 由 24 V 直流供电,负载采用了 MOSFET 功率驱动器件,只能用直流电源为负载供电。输出端将数字量输出分为两组,每组有一个公共端,共有 1 L、2 L 两个公共端,可接入不同电压等级的负载电源。接线如图 1.1.17 所示。

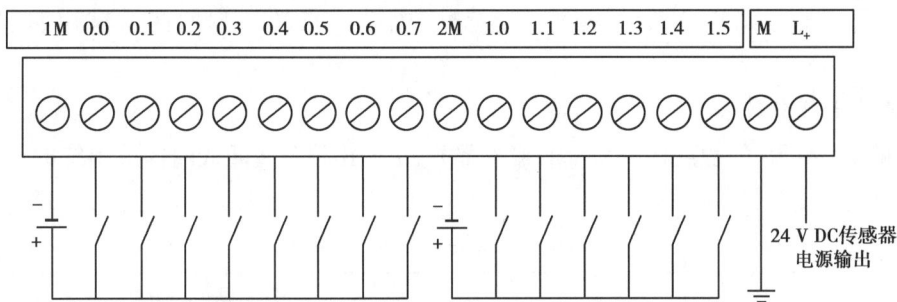

图 1.1.16　CPU224 输入电路接线图

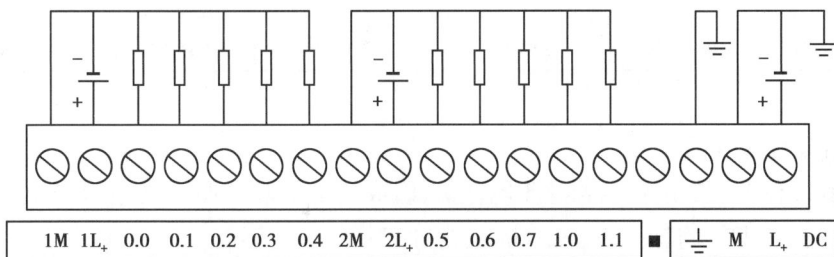

图 1.1.17　CPU224 晶体管输出电路接线图

在继电器输出电路中,PLC 由 220 V 交流电源供电,负载采用继电器驱动,既可以选用直流电源为负载供电,也可以采用交流电源为负载供电。在继电器输出电路中,数字量输出分为 3 组,每组的公共端为本组电源的供给端,Q0.1—Q0.3 公用 1 L,Q0.4—Q0.6 公用 2 L,Q0.7—Q1.1 公用 3 L,各组之间可接入不同电压等级和不同电压性质的负载电源,如图 1.1.18 所示。

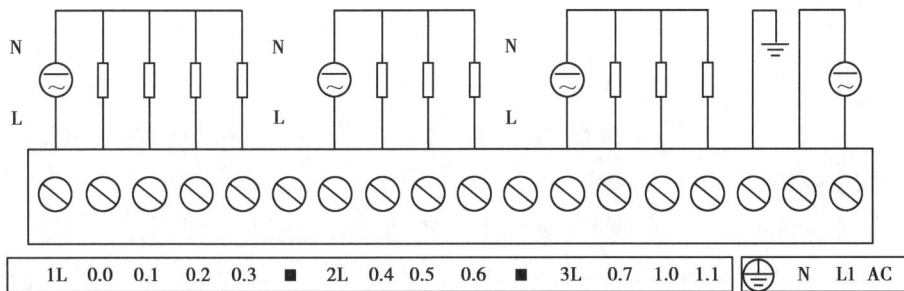

图 1.1.18　CPU224 继电器输出电路接线图

1.1.7　PLC 改造

在设计 PLC 控制系统时,可以将 PLC 想象成一个继电器控制系统的控制箱,其外部接线图能描述这个控制箱的外部接线,在控制箱内部,是用软接线将"软继电器"及触点按一定要求连接起来的梯形图(控制电路),梯形图中的输入位(I)和输出位(Q)是这个控制箱与外部联系的内部"软继电器"。

为了更好地理解 PLC 改造,通过三相异步电动机点动控制的例子来说明,参照图1.1.1。

1)确定 I/O 分配表

由输入设备 SB 的触点构成系统的输入部分,由输出设备 KM 线圈构成系统的输出部分(表1.1.16)。

表1.1.16 点动控制 I/O 分配表

输入信号			输出信号		
输入元件	作用	输入继电器	输出元件	作用	输出继电器
SB	启动/停止	I0.0	KM 线圈	电动机运行	Q0.0

2)设计硬件接线图

如果用 PLC 来控制这台三相异步电动机,组成一个 PLC 控制系统,根据上述分析可知,系统主电路不变,只要将输入设备 SB 的触点与 PLC 的输入端连接,输出设备 KM 与 PLC 的输出端连接,就构成 PLC 控制系统的输入、输出硬件电路,如图1.1.19 所示。

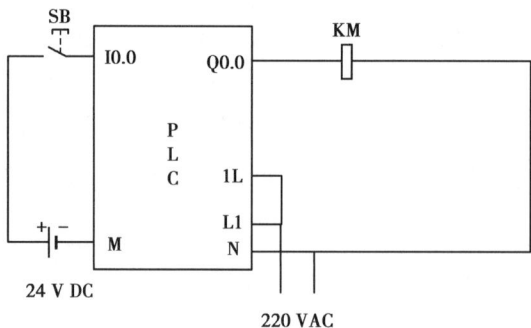

图1.1.19 点动控制硬件接线图   图1.1.20 点动控制梯形图

3)编写梯形图

控制部分的功能则由 PLC 的用户程序来实现,其程序如图1.1.20 所示。

程序解释:按下按钮 SB,I0.0 常开触点闭合,Q0.0 线圈得电,Q0.0 端子与 1 L 端子间的内硬触点闭合,接触器 KM 线圈得电,主电路中的 KM 主触点闭合,电动机运行。

在图1.1.20 中,输入设备 SB 与 PLC 内部的软继电器 I0.0 对应,由输入设备控制相对应的软继电器 I0.0 的状态,即通过这些软继电器将外部输入设备状态变成 PLC 内部的状态,这类软继电器称为输入继电器。同理,输出设备 KM 与 PLC 内部的软继电器 Q0.0 对应,由软继电器 Q0.0 状态控制对应的输出设备 KM 的状态,即通过这些软继电器来控制外部输出设备,这类软继电器称为输出继电器。

PLC 用户程序要实现的是如何用输入继电器 I0.0 来控制输出继电器 Q0.0。当控制要求复杂时,程序中还要采用 PLC 内部的其他类型的软继电器,如辅助继电器、定时器、计数器等,以达到控制要求。

值得注意的是,PLC 等效电路中的继电器并不是实际的物理继电器,它实质上是存储器单元的状态。单元状态为"1",相当于继电器接通;单元状态为"0",相当于继电器断开。这些继电器称为软继电器。

4) 仿真调试

利用 S7-Micro/WIN 编程软件和实训平台进行仿真调试。

任务 1.2　电动机正反转控制

【任务情境描述】

某水电厂阀门的升降由电机带动,系统要求通过 3 个按钮分别控制电动机连续正转、反转和停转,还要求采用热继电器进行过载保护,另外,要求正反转控制连锁。三相异步电动机继电器正反转控制电路如图 1.2.1 所示。

本任务主要针对三相异步电动机继电器正反转控制电路进行 PLC 改造,了解 PLC 的编程语言和编程元件,掌握位逻辑指令,能对电动机继电器正反转控制电路进行 PLC 改造,并能对改造的 PLC 电路进行仿真调试。

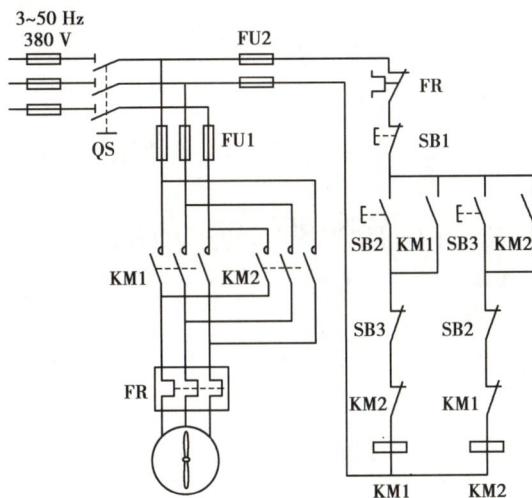

图 1.2.1　三相异步电动机继电器正反转控制电路

【任务目标】

知识要求:

1. 熟悉三相异步电动机正反转控制电路的工作原理;

2. 了解 PLC 的编程语言;

3. 熟悉 PLC 的编程元件;

4. 掌握 PLC 的位逻辑指令。

能力要求:

1. 能设计电动机正反转控制电路的 I/O 分配表;

2. 能绘制电动机正反转控制电路的硬件接线图;

3. 能进行电动机正反转控制电路的 PLC 改造;

4. 能进行电动机正反转控制电路的仿真调试。

素质要求:

1. 具有团结协作的能力;

2. 具备创新意识;

3. 具备良好的表达沟通能力;

4. 具有精益求精的工作态度和安全规范操作的意识。

【任务书】

任务名称:三相异步电动机正反转继电器控制 PLC 改造。

任务内容:

本任务将三相异步电动机正反转继电器控制进行 PLC 改造。具体要求如下:

①当按下按钮 SB2 时,电动机启动正转。

②当按下按钮 SB3 时,电动机启动反转。

③当按下按钮 SB1 时,电动机停止运转。

任务清单见表 1.2.1。

表 1.2.1　任务清单

任务内容	任务要求	验收方式
完成 I/O 分配表	I/O 分配表中包含 PLC 端子名称、外部信号及作用	材料提交
完成硬件接线图	符合电气接线原理图绘图原则及标准规定	成果展示

续表

任务内容	任务要求	验收方式
根据硬件接线图完成硬件接线	符合 PLC 控制接线规范准则	成果展示
完成 PLC 改造,绘制梯形图	符合梯形图的编制原则	材料提交
仿真调试	实现项目功能性要求	成果展示

【任务分组】

任务分配表见表 1.2.2。

表 1.2.2　学生任务分配表

班级		组号		指导老师	
组长		学号			
组员 1		学号			
组员 2		学号			

任务分工:

设计任务	主要内容	分工

【获取信息】

电动机的正反转控制

引导问题 1:如何实现电动机的正反转控制?

引导问题 2：分析三相异步电动机正反转继电器控制原理。

_____

_____

_____

_____

_____

三相异步电动机正反
转继电器控制原理

引导问题 3：为什么要进行电气硬件互锁？

_____

_____

_____

自锁互锁

引导问题 4：利用置位、复位指令来实现电动机
的正反转。

_____

_____

_____

_____

课件 PPT NOT、EU、
ED、RS 指令

NOT、EU、ED、
RS 指令

引导问题 5：对利用置位、复位指令设计的电动机正反转的梯形图
进行解释。

_____

_____

_____

_____

触点串、并连指令

引导问题 6：采用指令语句表的方式编写电动机正反转的程序。

_____

_____

_____

_____

取、取反、输出

【制订计划】

1. 预订计划

学生思考任务方案,并在表 1.2.3 中用适当的方式予以表达。

表 1.2.3　计划制订工作单(成员使用)

1. 项目任务解决方案 建议从不同功能要求分别描述解决方案。	
2. 任务涉及设备信息、使用工具、材料列表	
需要的电气装置、电气元件等	
需要的工具	
需要的材料	

2. 确定计划

请根据小组讨论及教师引导选择决策方式。小组根据检查、讨论确定计划,并在表 1.2.4 中用适当的方式予以表达。

表 1.2.4　计划决策工作单(小组决策使用)

1. 小组讨论决策 负责人:＿＿＿＿　讨论发言人:＿＿＿＿＿＿＿＿＿＿＿＿＿ 决策结论及方案变更:

续表

2. 小组互换决策			
优点	缺点	综合评价 （A、B、C、D）	签名

3. 人员分工与进度安排

内容	人员	时间安排	备注

【实施计划】

按照确定的计划进行电路设计、元器件选择、配线、PLC 程序设计与调试等工作，并将实施的主要流程环节，每个流程中遇到问题及完成时间填写至表 1.2.10 中，部分成果分别填写至表 1.2.5—表 1.2.9 中。

表 1.2.5　元件和材料清单

元件或材料名称	符号	型号	数量

表 1.2.6 I/O 分配表

输入			输出		
输入元件	作用	输入继电器	输出元件	作用	输出继电器

表 1.2.7 I/O 接线图

表 1.2.8　梯形图设计

| |
| |

表 1.2.9　调试方案设计

序号	操作步骤	预计出现结果

表 1.2.10 过程记录

问题	解决方法或思路

【评价反馈】

评分标准见表 1.2.11。

表 1.2.11 评分标准

评价内容		配分	考核点	评分细则
职业基本素养（20分）	作业前期准备	10分	写出作业前准备工作： 1. 正确着装,穿戴劳动防护用品; 2. 正确检查工作现场的电源位置与状态,确保操作的安全性; 3. 正确清点操作所需仪表、工具、元器件的数量,并检查其状态符合作业要求。	1. 未按要求写出着装要求,扣3分; 2. 未按要求写出清点工具、仪表等,每项扣1分; 3. 未按要求写出工具摆放整齐,扣3分。
	6S规范	10分	写出6S规范： 1. 作业全程正确使用和摆放工器具、仪表、元器件,不出现使用及摆放不当造成的器具损坏; 2. 作业过程中无不文明行为,独立完成考核内容,能进行合理沟通与交流,正确应对突发事件; 3. 具有安全用电意识,操作符合安全规程要求; 4. 合理、正确选取材料,不造成材料浪费; 5. 作业结束后清理工器具、打扫工作现场。	1. 未按要求写出操作过程中摆放工具、仪表,杂物等,扣5分; 2. 未按要求写出完成任务后清理工位,扣5分; 3. 未按要求写出,换线断电,损坏设备,考试成绩为0分。

续表

评价内容		配分	考核点	评分细则
专业知识与技能（80分）	地址分配	20分	I/O 的选择符合题目控制要求。	I/O 未按题目要求设置,每处扣2分。
	控制程序输入	20分	1. 熟练操作编程软件,将设计的程序正确输入计算机,写入 PLC; 2. 发现错误的输入点,能够进行更正。	1. 不会熟练操作软件输入程序,扣10分; 2. 不会进行程序删除、插入、修改等操作,每项扣2分; 3. 不会联机下载调试程序,扣10分。
	硬件接线	20分	熟练地按照硬件接线图接线。	无法按系统接线图正确安装,扣20分。
	功能调试	20分	1. 正确分析、处理调试中遇到的软、硬件故障,并能优化程序; 2. 正确记录程序运行、调试过程中的各种参数,以及故障现象,处理过程等。	1. 不能按控制要求调试系统,扣10分; 2. 不能达到控制要求,每处扣5分; 3. 调试时造成元件损坏或者熔断器熔断,每次扣10分。

组员任务量见表 1.2.12。

表 1.2.12　组员任务量

姓名	完成的工作	加权系数（教师给定）

评分见表 1.2.13。

表 1.2.13　评分

小组得分	（填组员姓名）得分	（　　　）得分	（　　　）得分	（　　　）得分

【相关知识点】

1.2.1　PLC 编程语言

S7-200 系列 PLC 支持 SIMATIC 和 IEC1131-3 两种基本类型的指令集,编程时可以任意选择。SIMATIC 指令集是西门子公司 PLC 专用的指令集,具有专用性强、执行速度快等优点,可提供梯形图(LAD)、功能块图(FBD)、指令语句表(STL)等多种编程语言。

1)梯形图

利用梯形图(LAD)编辑器可以建立与电气原理图相类似的梯形图程序。梯形图是 PLC 编程的高级语言,很容易被 PLC 编程人员和维护人员接受和掌握,所有 PLC 厂商均支持梯形图语言编程。

梯形图按逻辑关系可分为梯级或网络段,简称段。程序执行时按段扫描,清晰的段结构有利于程序的阅读理解和运行调试。同时,软件的编译功能可以直接指出错误指令所在段的段标号,有利于用户程序的修正。

LAD 图例指令有 3 种基本形式:触点、线圈、指令盒。触点表示输入条件,如开关、按钮控制的输入映像寄存器状态和内部寄存器状态等。线圈表示输出结果,利用 PLC 输出点可直接驱动照明灯、指示灯、继电器、接触器和电磁阀等负载。指令盒代表一些功能较复杂的指令,如定时器、计数器和数学运算指令等。

对相同功能的继电器控制电路与梯形图程序进行比较,具体如图 1.2.2 所示。

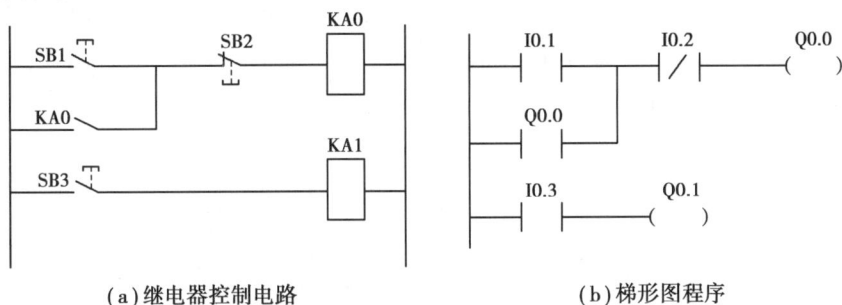

(a)继电器控制电路　　　　　　　　　　(b)梯形图程序

图 1.2.2　继电器控制电路与梯形图程序的比较

图 1.2.2(a)所示为继电器控制电路,当 SB1 闭合时,继电器 KA0 线圈得电,KA0 自锁触点闭合,锁定 KA0 线圈得电;当 SB2 断开时,KA0 线圈失电,KA0 自锁触点断开,解除锁定;当 SB3 闭合时,继电器 KA1 线圈得电。

如图 1.2.2(b)所示为梯形图程序,当常开触点 I0.1 闭合时,左母线产生的能流(可理解为电流)经 I0.1 常开触点和 I0.2 常闭触点流经输出继电器 Q0.0 线圈到达右母线(西门子 PLC 梯形图程序省去右母线),Q0.0 线圈得电,其对应的 Q0.0 常开触点闭合形成自锁;当常闭触点 I0.2 断开时,Q0.0 线圈失电,其对应的 Q0.0 常开触点断开,Q0.0 自锁触点断开,解除锁定;当常开触点 I0.3 闭合时,继电器 Q0.1 线圈得电。

不难看出,两种图的表达方式很相似,不过梯形图使用的继电器是由软件来实现的,使用和修改灵活方便,而继电器控制电路采用硬接线,修改比较麻烦。

2)功能块图

功能块图(FBD)采用了类似数字逻辑电路的符号来编程,有数字电路基础的人很容易掌握这种语言。如图 1.2.3 所示为功能相同的梯形图和功能块图程序,在功能块图中,左端为输入端,右端为输出端,输入、输出端的小圆圈表示"非运算"。

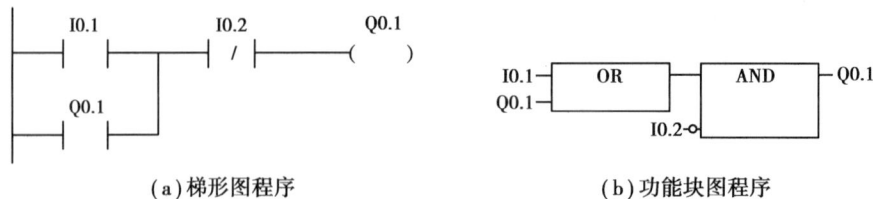

（a）梯形图程序　　　　　　　　　　（b）功能块图程序

图 1.2.3　梯形图程序与功能块图程序的比较

3）指令语句表

语句表（STL）编辑器使用指令助记符创建控制程序，提供了不同于梯形图或功能块图编程器的编程途径。语句表类似于计算机的汇编语言，适合熟悉 PLC 并且有逻辑编程经验的程序员使用，并且是手持式编程器唯一能够使用的编程语言。语句表编程语言是一种面向机器的语言，具有指令简单、执行速度快等优点。STEP7-Micro/WIN 编程软件具有梯形图程序和语句表指令的相互转换功能，为 STL 程序的编制提供了方便。

如图 1.2.4 所示为功能相同的梯形图和指令语句表程序。不难看出，指令语句表就像是描述绘制梯形图的文字，指令语句表主要由指令助记符和操作数组成。

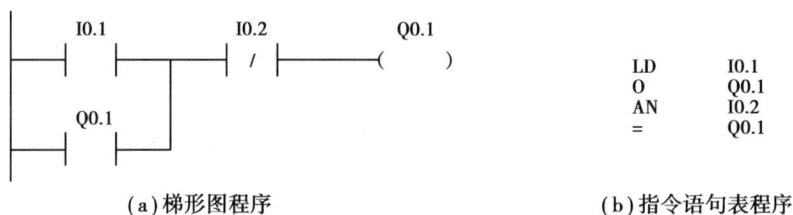

```
LD    I0.1
O     Q0.1
AN    I0.2
=     Q0.1
```

（a）梯形图程序　　　　　　　　　　（b）指令语句表程序

图 1.2.4　梯形图程序与指令语句表程序的比较

1.2.2　PLC 编程元件

PLC 是在继电器控制线路基础上发展起来的。继电器控制线路有时间继电器、中间继电器等，而 PLC 也有类似的器件，称为编程元件，这些元件是由软件来实现的，称为软元件。PLC 编程可以看成将编程元件按继电器控制方式连接起来的过程。

PLC 编程元件主要有输入继电器、输出继电器、辅助继电器、状态继电器、定时器、计数器、数据寄存器和常数寄存器等。

1）输入继电器

输入继电器（I）又称输入过程映像寄存器，它与 PLC 的输入端子连接，只能受 PLC 外部开关信号驱动，当端子外接开关接通时，该端子内部的输入继电器为 ON（1 状态），反之为 OFF（0 状态）。一个输入继电器可以有很多常闭触点和常开触点。输入继电器的表示符号为 I，按八进制方式编址（或称编号）。PLC 型号不同，输入继电器个数会有所不同。

表 1.2.14 列出了一些常用型号 PLC 的输入继电器编址。

表 1.2.14　常用型号 PLC 输入继电器编址

型号	CPU 221 （6 入/4 出）	CPU 222 （8 入/6 出）	CPU 224 （14 入/10 出）	CPU 226（XM） （24 入/16 出）
输入继电器	I0.0、I0.1、I0.2、 I0.3、I0.4、I0.5	I0.0、I0.1、I0.2、I0.3、 I0.4、I0.5、I0.6、I0.7	I0.0、I0.1、I0.2、I0.3、 I0.4、I0.5、I0.6、I0.7 I1.0、I1.1、I1.2、I1.3、 I1.4、I1.5	I0.0、I0.1、I0.2、I0.3、 I0.4、I0.5、I0.6、I0.7 I1.0、I1.1、I1.2、I1.3、 I1.4、I1.5、I1.6、I1.7 I2.0、I2.1、I2.2、I2.3、 I2.4、I2.5、I2.6、I2.7
输出继电器	Q0.0、Q0.1、 Q0.2、Q0.3	Q0.0、Q0.1、Q0.2、 Q0.3、Q0.4、Q0.5	Q0.0、Q0.1、Q0.2、 Q0.3、Q0.4、Q0.5、 Q0.6、Q0.7 Q1.0、Q1.1	Q0.0、Q0.1、Q0.2、 Q0.3、Q0.4、Q0.5、 Q0.6、Q0.7 Q1.0、Q1.1、Q1.2、 Q1.3、Q1.4、Q1.5、 Q1.6、Q1.7

2）输出继电器

输出继电器（Q）又称输出过程映像寄存器，它通过输出模块来驱动输出端子的外接负载，一个输出继电器只有一个与输出端子连接的常开触点（又称硬触点），而内部常开触点和常闭触点可以有很多个。输出继电器的表示符号为 Q，按八进制方式编址（或称编号）。PLC 型号不同，输出继电器个数会有所不同。

3）通用辅助继电器

通用辅助继电器（M）又称位存储器，是 PLC 内部继电器，它类似于继电器控制线路中的中间继电器。与输入/输出继电器不同，通用辅助继电器不能接收输入端子送来的信号，也不能驱动输出端子。通用辅助继电器的表示符号为 M。

4）特殊辅助继电器

特殊辅助继电器（SM）又称特殊标志位存储器，它主要用来存储系统的状态和控制等信息。特殊辅助继电器的表示符号为 SM。一些常用特殊辅助继电器的功能见表 1.2.15。

表 1.2.15　一些常用特殊辅助继电器的功能

特殊 辅助继电器	功能
SM0.0	PLC 运行时这一位始终为 1，是常 ON 继电器。
SM0.1	PLC 首次扫描循环时该位"ON"，用途之一是初始化程序。
SM0.2	如果保留性数据丢失，该位为一次扫描循环打开。该位可用作错误内存位或激活特殊启动顺序的机制。

续表

特殊 辅助继电器	功能
SM0.3	从电源开启进入 RUN(运行)模式时,该位为一次扫描循环打开,该位可用于在启动操作之前提供机器预热时间。
SM0.4	该位提供时钟脉冲,该脉冲在 1 min 的周期时间内 OFF(关闭)30 s,ON(打开)30 s。该位提供便于使用的延迟或 1 min 时钟脉冲。
SM0.5	该位提供时钟脉冲,该脉冲在 1 s 的周期时间内 OFF(关闭)0.5 s,ON(打开)0.5 s。该位提供便于使用的延迟或 1 s 时钟脉冲。
SM0.6	该位是扫描循环时钟,本次扫描打开,下一次扫描关闭。该位可用作扫描计数器输入。
SM0.7	该位表示"模式"开关的当前位置(关闭 = "终止"位置,打开 = "运行"位置)。开关位于 RUN(运行)位置时,可以使用该位启用自由端口模式,可使用转换至"终止"位置的方法重新启用带 PC/编程设备的正常通信。
SM1.0	某些指令执行,使操作结果为零时,该位为"ON"。
SM1.1	某些指令执行,出现溢出结果或监测到非法数字数值时,该位为"ON"。
SM1.2	某些指令执行,数学操作产生负结果时,该位为"ON"。

5)状态继电器

状态继电器(S)又称顺序控制继电器,是编制顺序控制程序的重要器件,它通常与顺控指令一起使用,以实现顺序控制功能。状态继电器的表示符号为 S。

6)定时器

定时器(T)是一种按时间动作的继电器,相当于继电器控制系统中的时间继电器,一个定时器可有很多常开触点和常闭触点,其定时单位有 1 ms、10 ms、100 ms 3 种。定时器的表示符号为 T。

7)计数器

计数器(C)是一种用来计算输入脉冲个数并产生动作的继电器,一个计数器可以有很多常开触点和常闭触点。计数器可分为递加计数器、递减计数器和双向计数器(又称递加/递减计数器)。计数器的表示符号为 C。

8)高速计数器

一般计数器(HC)的计数速度受 PLC 扫描周期的影响,不能太快。而高速计数器可以对较 PLC 扫描速度更快的事件进行计数。高速计数器的当前值是一个双字长(32 位)的整数,且为只读值。高速计数器的表示符号为 HC。

9)累加器

累加器(AC)是用来暂时存储数据的寄存器,可以存储运算数据、中间数据和结果。PLC有 4 个 32 位累加器,分别为 AC0 ~ AC3。累加器的表示符号为 AC。

10）变量存储器

变量存储器（V）主要用于存储变量。它可以存储程序执行过程中的中间运算结果或设置参数。变量存储器的表示符号为 V。

11）局部变量存储器

局部变量存储器（L）主要用来存储局部变量。局部变量存储器与变量存储器很相似，主要区别在于后者存储的变量全局有效，即全局变量可以被任何程序（主程序、子程序和中断程序）访问，而局部变量只有局部有效，局部变量存储器一般用在子程序中。局部变量存储器的表示符号为 L。

12）模拟量输入寄存器和模拟量输出寄存器

S7-200 PLC 模拟量输入端子送入的模拟信号经模/数转换电路转换成 1 个字长（16 位）的数字量，该数字量存入模拟量输入寄存器（AI）。模拟量输入寄存器的表示符号为 AI。

模拟量输出寄存器（AQ）可以存储 1 个字长的数字量，该数字量经数/模转换电路转换成模拟信号从模拟量输出端子输出。模拟量输出寄存器的表示符号为 AQ。

1.2.3　位逻辑指令

位逻辑指令主要是指对 PLC 存储器中的某一位进行操作的指令，它的操作数是位。位逻辑指令包括触点指令和线圈指令两大类。常见的触点指令有触点取用指令，触点串，并联指令，电路块串、并联指令等；常见的线圈指令有线圈输出指令、置位复位指令等。

位逻辑指令是依靠 1、0 两个数进行工作的。1 表示触点或线圈的通电状态，0 表示触点或线圈的断电状态。利用位逻辑指令可以实现位逻辑运算和控制，在继电器系统的控制中应用较多。

在位逻辑指令中，每个指令的常见语言表达形式均有两种：一种是梯形图；另一种是语句表。

语句表的基本表达形式为操作码＋操作数，其中操作数以位地址格式形式出现。

1）触点的取用指令与线圈输出指令

（1）指令格式及功能说明

触点取用指令与线圈指令格式及功能说明见表 1.2.16。

表 1.2.16　触点取用指令与线圈指令格式及功能说明

指令名称	梯形图 表达方式	指令表 表达方式	功能	操作数
常开触点 取用指令	＜位地址＞ —┤ ├—	LD ＜位地址＞	用于逻辑运算的开始，表示常开触点与左母线相连	I、Q、M、SM、T、C、V、S
常闭触点 取用指令	＜位地址＞ —┤/├—	LDN ＜位地址＞	用于逻辑运算的开始，表示常闭触点与左母线相连	I、Q、M、SM、T、C、V、S

续表

指令名称	梯形图 表达方式	指令表 表达方式	功能	操作数
线圈输出 指令	—( )— <位地址>	= < 位地址 >	用于线圈的驱动	Q、M、SM、T、C、V、S

（2）应用举例

触点取用指令与线圈指令应用举例如图 1.2.5 所示。

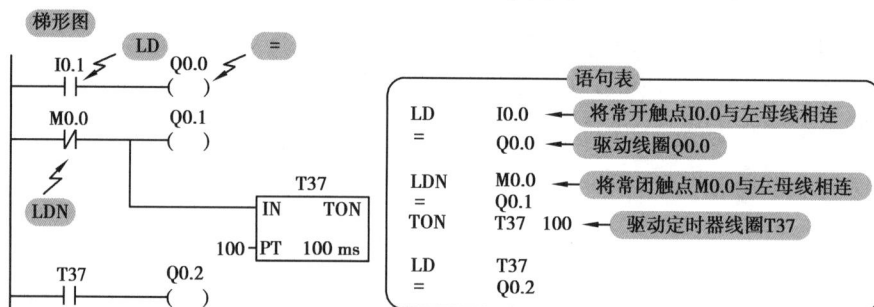

图 1.2.5　触点取用指令与线圈指令应用举例

使用说明：

①每个逻辑运算开始都需要触点取用指令；每个电路块的开始也都需要触点取用指令。

②线圈输出指令可并联使用多次，但不能串联使用。

③在线圈输出指令的梯形图表示形式中，同一编号线圈不能出现多次。

2）触点串联指令

（1）指令格式及功能说明

触点串联指令格式及功能说明见表 1.2.17。

表 1.2.17　触点串联指令格式及功能说明

指令名称	梯形图 表达方式	指令表 表达方式	功能	操作元件
常开触点 串联指令	—| |—| |—( )— <位地址>	A < 位地址 >	用于单个常开触 点的串联	I、Q、M、SM、T、C、V、S
常闭触点 串联指令	—| |—|/|—( )— <位地址>	AN < 位地址 >	用于单个常闭触 点的串联	I、Q、M、SM、T、C、V、S

（2）应用举例

触点串联指令应用举例如图 1.2.6 所示。

使用说明：

①单个触点串联指令可以连续使用，但受编程软件和打印宽度的限制，一般串联不超过

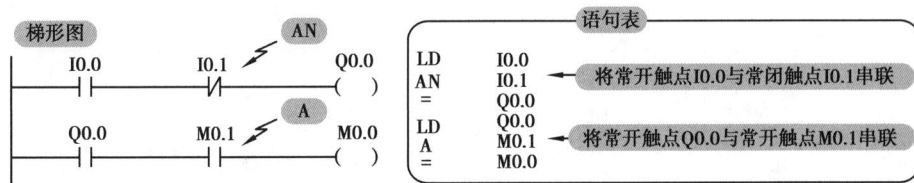

图 1.2.6　触点串联指令应用举例

11 个触点。

②在"＝"之后,通过串联触点对其他线圈使用指令,称为连续输出。

3）触点并联指令

（1）指令格式及功能说明

触点并联指令格式及功能说明见表 1.2.18。

表 1.2.18　触点并联指令格式及功能说明

指令名称	梯形图 表达方式	指令表 表达方式	功能	操作元件
常开触点 并联指令	<位地址>	O <位地址>	用于单个常开触 点的并联	I、Q、M、SM、T、C、V、S
常闭触点 并联指令	<位地址>	ON <位地址>	用于单个常闭触 点的并联	I、Q、M、SM、T、C、V、S

（2）应用举例

触点并联指令应用举例如图 1.2.7 所示。

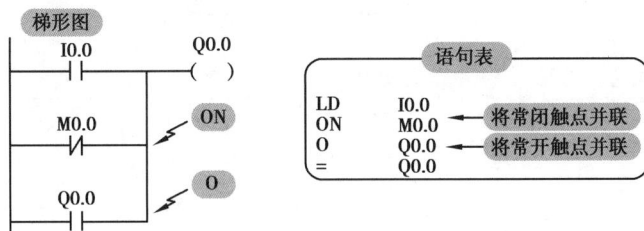

图 1.2.7　触点并联指令应用举例

使用说明:

①单个触点并联指令可以连续使用,但受编程软件和打印宽度的限制,一般并联不超过 7 个。

②若两个以上触点串联后与其他支路并联,则需用到后面要讲的 OLD 指令。

4）电路块串联指令

（1）指令格式及功能说明

电路块串联指令格式及功能说明见表 1.2.19。

表 1.2.19　电路块串联指令格式及功能说明

指令名称	梯形图 表达方式	指令表 表达方式	功能	操作元件
电路块 串联指令		ALD	用来描述并联电路块的串联关系 注:两个以上触点并联形成的电路 称为并联电路块	无

（2）应用举例

电路块串联指令应用举例如图 1.2.8 所示。

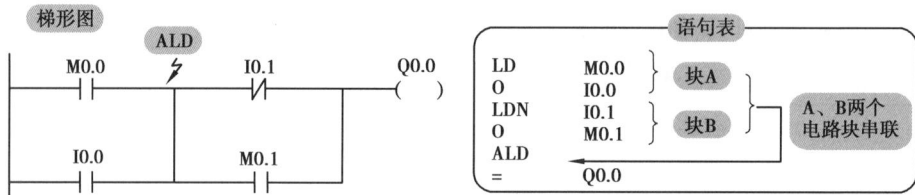

图 1.2.8　电路块串联指令应用举例

使用说明:

①在每个并联电路块的开始都需用 LD 或 LDN 指令。

②可顺次使用 ALD 指令,进行多个电路块的串联。

③ALD 指令用于并联电路块的串联,而 A/AN 用于单个触点的串联。

5）电路块并联指令

（1）指令格式及功能说明

电路块并联指令格式及功能说明见表 1.2.20。

表 1.2.20　电路块并联指令格式及功能说明

指令名称	梯形图 表达方式	指令表 表达方式	功能	操作元件
电路块 并联指令		OLD	用来描述串联电路块的并联关系 注:两个以上触点串联形成的电路 称为串联电路块	无

（2）应用举例

电路块并联指令应用举例如图 1.2.9 所示。

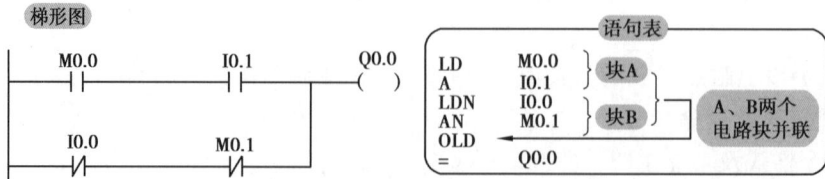

图 1.2.9　电路块并联指令应用举例

①在每个串联电路块的开始都需用 LD 或 LDN 指令。

②可顺次使用 OLD 指令,进行多个电路块的并联。

③OLD 指令用于串联电路块的并联,而 O/ON 用于单个触点的并联。

6)置位与复位指令

(1)指令格式及功能说明

置位与复位指令格式及功能说明见表 1.2.21。

表 1.2.21　置位复位指令格式及功能说明

指令名称	梯形图	语句表	功能	操作数
置位指令 S(set)	<位地址> —(S) N	S <位地址>,N	从起始位(bit)开始连续 N 位被置 1	S/R 指令操作数为 Q、M、SM、T、C、V、S、L
复位指令 R(Reset)	<位地址> —(R) N	R <位地址>,N	从起始位(bit)开始连续 N 位被清 0	

(2)应用举例

置位与复位指令应用举例如图 1.2.10 所示。

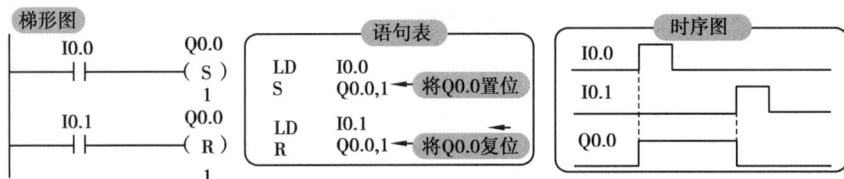

图 1.2.10　置位复位指令应用举例

使用说明:

①置位与复位指令具有记忆和保持功能,对于某一元件来说,一旦被置位,始终保持通电(置 1)状态,直到对它进行复位(清 0)为止,复位指令与置位指令道理一致。

②对同一元件多次使用置位与复位指令,元件的状态取决于最后执行的那条指令。

7)脉冲生成指令

(1)指令格式及功能说明

脉冲生成指令格式及功能说明见表 1.2.22。

表 1.2.22　脉冲生成指令格式及功能说明

指令名称	梯形图	语句表	功能	操作数
上升沿脉冲发生指令	—|P|—	EU	产生宽度为一个扫描周期的上升沿脉冲	无
下降沿脉冲发生指令	—|N|—	ED	产生宽度为一个扫描周期的下降沿脉冲	无

(2)应用举例

脉冲生成指令应用举例如图 1.2.11 所示。

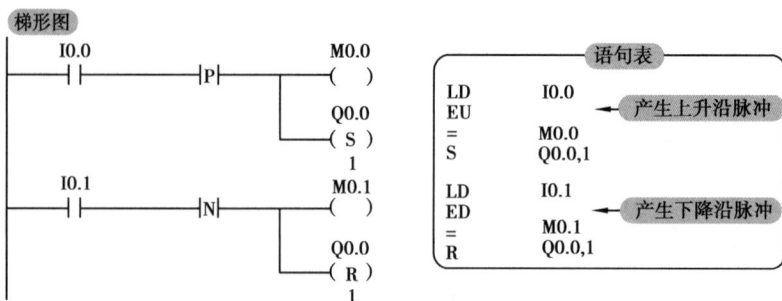

图 1.2.11　脉冲生成指令应用举例

使用说明：

①EU、ED 为边沿触发指令，该指令仅在输入信号变化时有效，且输出的脉冲宽度为一个扫描周期。

②开机时就为接通状态的输入条件，EU、ED 指令不执行。

③EU、ED 指令常常与 S/R 指令联用。

（3）由特殊内部标志位存储器构成的脉冲发生电路举例

脉冲发生电路是应用广泛的一种控制电路，它的构成形式很多，如图 1.2.12 所示。

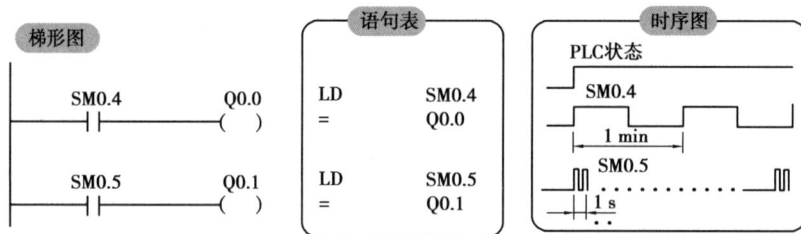

图 1.2.12　由 SM0.4 和 SM0.5 构成的脉冲发生电路

SM0.4 和 SM0.5 构成的脉冲发生电路较简单，SM0.4 和 SM0.5 是较常用的特殊内部标志位存储器。SM0.4 为分脉冲，在一个周期内接通 30 s、断开 30 s；SM0.5 为秒脉冲，在一个周期内接通 0.5 s、断开 0.5 s。

8）触发器指令

（1）指令格式及功能说明

触发器指令格式及功能说明见表 1.2.23。

表 1.2.23　触发器指令格式及功能说明

指令名称	梯形图	语句表	功能	操作数
置位优先触发器指令（SR）		SR	置位信号 S1 和复位信号 R 同时为 1 时，置位优先	S1、R1、S、R 的操作数：I、Q、V、M、SM、S、T、C Bit 的操作数：I、Q、V、M、S
复位优先触发器指令（RS）		RS	置位信号 S 和复位信号 R1 同时为 1 时，复位优先	

（2）应用举例

触发器指令应用举例如图 1.2.13 所示。

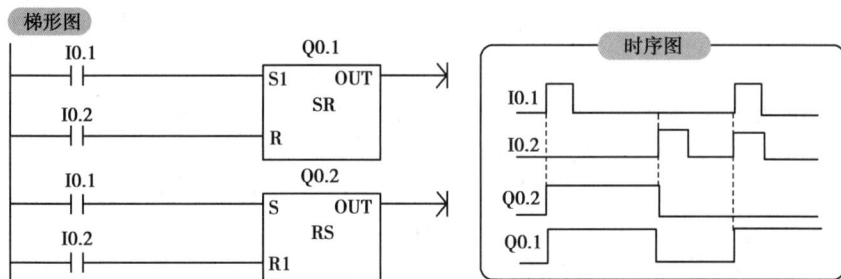

图 1.2.13　触发器指令应用举例

功能解析：

①I0.1 = 1 时,Q0.1 置位,Q0.1 输出始终保持;I0.2 = 1 时,Q0.1 复位;若两者同时为 1,置位优先。

②I0.1 = 1 时,Q0.2 置位,Q0.2 输出始终保持;I0.2 = 1 时,Q0.2 复位;若两者同时为 1,复位优先。

9) 取反指令与空操作指令

（1）指令格式及功能说明

取反指令与空操作指令格式及功能说明见表 1.2.24。

表 1.2.24　取反指令与空操作指令格式及功能说明

指令名称	梯形图	语句表	功能	操作数
取反指令	─┤ NOT ├──	NOT	对逻辑结果取反操作	无
空操作指令	N ─┤ NOP ├	NOP N	空操作,其中 N 为空操作次数,N = 0 ~ 255	无

（2）应用举例

取反指令与空操作指令应用举例如图 1.2.14 所示。

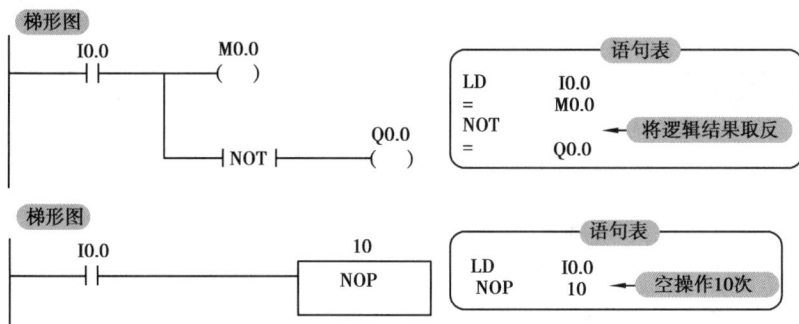

图 1.2.14　取反指令与空操作指令应用举例

10)逻辑堆栈指令

堆栈是一组能够存储和取出数据的暂存单元。在 S7-200PLC 中,堆栈有 9 层,顶层称为栈顶,底层称为栈底。堆栈的存取特点是"后进先出",每次进行入栈操作时,新值都放在栈顶,栈底值丢失;每次进行出栈操作时,栈顶值弹出,栈底值补进随机数。

逻辑堆栈指令主要用来完成对触点进行复杂连接,配合 ALD、OLD 指令使用,逻辑堆栈指令主要有逻辑入栈指令、逻辑读栈指令和逻辑出栈指令,具体如下:

(1)逻辑入栈指令

逻辑入栈(LPS)指令又称分支指令或主控指令,执行逻辑入栈指令时,把栈顶值复制后压入堆栈,原堆栈中各层栈值依次下压一层,栈底值被压出丢失。逻辑入栈(LPS)指令的执行情况如图 1.2.15(a)所示。

(2)逻辑读栈指令

执行逻辑读栈(LRD)指令时,把堆栈中第 2 层的值复制到栈顶,2~9 层数据不变,堆栈没有压入和弹出,但原来的栈顶值被新的复制值取代。逻辑读栈(LRD)指令的执行情况如图 1.2.15(b)所示。

(3)逻辑出栈指令

逻辑出栈(LPP)指令又称分支结束指令或主控复位指令,执行逻辑出栈(LPP)指令时,堆栈做弹出栈操作,将栈顶值弹出,原堆栈各级栈值依次上弹一级,原堆栈第 2 级的值成为栈顶值,原栈顶值从栈内丢失栈底值补进随机数。逻辑出栈(LPP)指令的执行情况如图 1.2.15(c)所示。

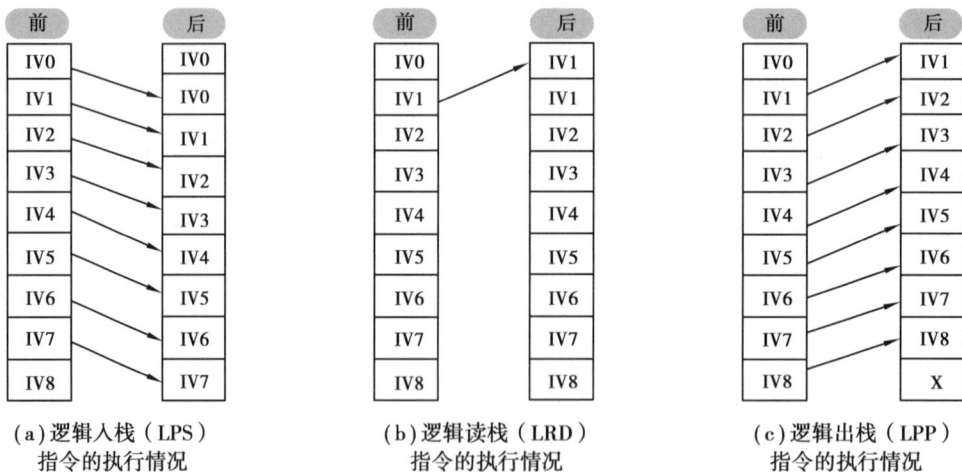

(a)逻辑入栈(LPS)指令的执行情况　　(b)逻辑读栈(LRD)指令的执行情况　　(c)逻辑出栈(LPP)指令的执行情况

图 1.2.15　堆栈操作过程

(4)使用说明

①LPS 指令和 LPP 指令必须成对出现。

②受堆栈空间的限制,LPS 指令和 LPP 指令连续使用不得超过 9 次。

③堆栈指令 LPS、LRD、LPP 无操作数。

（5）应用举例

堆栈指令应用举例如图 1.2.16 所示。

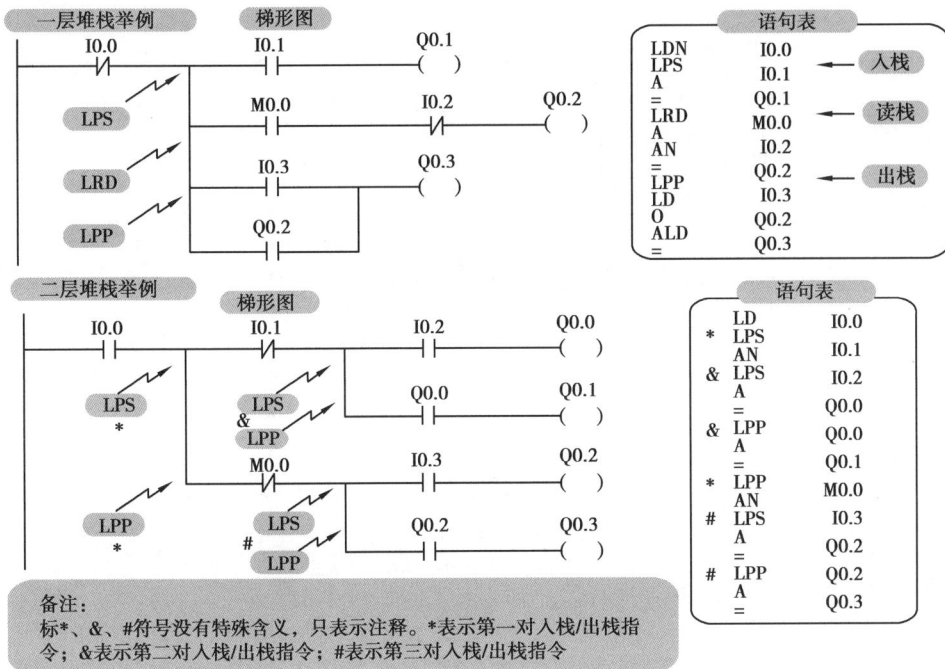

图 1.2.16　堆栈指令应用举例

任务 1.3　电动机星三角降压启动

【任务情境描述】

三相异步电动机启动时电流较大，一般为额定电流的 4～7 倍。为了减小启动电流对电网的影响，采用星三角降压启动的方式。其对应的继电器控制电路如图 1.3.1 所示。

本任务主要针对三相异步电动机继电器星三角降压启动控制电路进行 PLC 改造，了解 PLC 的数据类型、数据区存储器的地址格式、寻址方式，掌握定时器指令，并能对改造的电动机星三角降压启动 PLC 电路进行仿真调试。

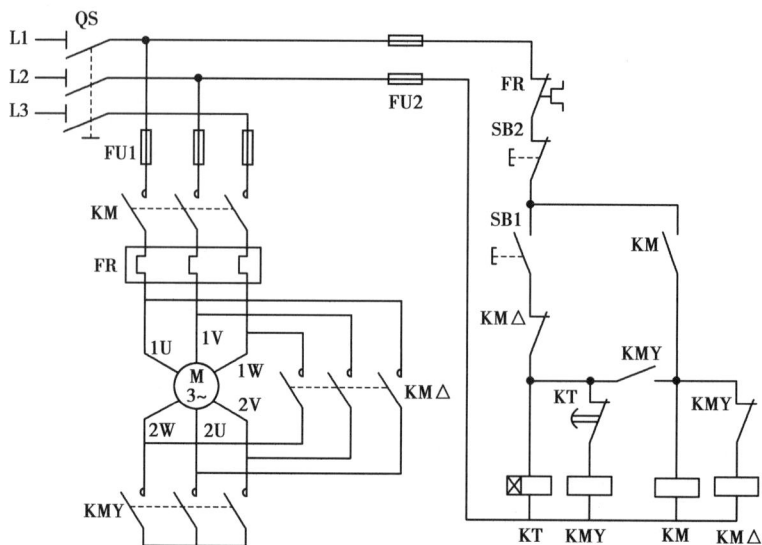

图 1.3.1　三相异步电动机继电器星三角降压启动控制电路

【任务目标】

知识要求：

1. 熟悉三相异步电动机星三角降压启动控制电路的工作原理；

2. 了解 PLC 的数据类型；

3. 了解数据区存储器的地址格式；

4. 了解 PLC 寻址方式；

5. 掌握定时器指令。

能力要求：

1. 能设计电动机星三角降压启动控制电路的 I/O 分配表；

2. 能绘制电动机星三角降压启动控制电路的硬件接线图；

3. 能进行电动机星三角降压启动控制电路的 PLC 改造；

4. 能进行电动机星三角降压启动控制电路的仿真调试。

素质要求：

1. 具有自主学习、分析问题、解决问题的能力；

2. 具备基本职业道德的素养；

3. 具备创新的意识；

4. 具有精益求精的工作态度和安全规范操作的意识。

【任务书】

任务名称：三相异步电动机星三角降压启动继电器控制 PLC 改造。

任务内容：

本任务将三相异步电动机星三角降压启动继电器控制 PLC 改造。具体要求如下：

合上开关后，电动机启动接触器和星形降压方式启动接触器先启动。经过一定延时后，星形降压方式启动接触器断开，电动机主电路接成三角形接法，正常运行。

任务清单见表 1.3.1。

表 1.3.1　任务清单

任务内容	任务要求	验收方式
完成 I/O 分配表	I/O 分配表中包含 PLC 端子名称、外部信号及作用	材料提交
完成硬件接线图	符合电气接线原理图绘图原则及标准规定	成果展示
根据硬件接线图完成硬件接线	符合 PLC 控制接线规范准则	成果展示
完成 PLC 改造，绘制梯形图	符合梯形图的编制原则	材料提交
仿真调试	实现项目功能性要求	成果展示

【任务分组】

任务分配表见表 1.3.2。

表 1.3.2　学生任务分配表

班级		组号		指导老师	
组长		学号			
组员 1		学号			
组员 2		学号			

任务分工：

设计任务	主要内容	分工

【获取信息】

引导问题1：分析三相异步电动机星三角降压启动继电器控制原理。

三相异步电动机星三角
降压启动继电器控制原理

_____

_____

_____

引导问题2：在 PLC 改造中实现启动延时的时间继电器 KT 如何处理？

定时器

_____

_____

_____

引导问题3：电动机星三角降压启动控制电路 PLC 改造中采用哪种类型的定时器？

_____

_____

_____

_____

【制订计划】

1. 预订计划

学生思考任务方案，并在表1.3.3中用适当的方式予以表达。

表1.3.3　计划制订工作单（成员使用）

1.任务解决方案
建议从不同功能要求分别描述解决方案。

续表

2. 任务涉及设备信息、使用工具、材料列表	
需要的电气装置、电气元件等	
需要的工具	
需要的材料	

2. 确定计划

请根据小组讨论及教师引导选择决策方式。小组根据检查、讨论确定计划,并在表 1.3.4 中用适当的方式予以表达。

表 1.3.4　计划决策工作单(小组决策使用)

1. 小组讨论决策

负责人:_____讨论发言人:_____

决策结论及方案变更:

_____

_____

_____

_____

_____

_____

_____

2. 小组互换决策

优点	缺点	综合评价 (A、B、C、D)	签名

3. 人员分工与进度安排

内容	人员	时间安排	备注

【实施计划】

按照确定的计划进行电路设计、元器件选择、配线、PLC 程序设计与调试等工作,并将实施的主要流程环节,每个流程中遇到问题及完成时间填写至表 1.3.10 中,部分成果分别填写至表 1.3.5—表 1.3.9 中。

表 1.3.5　元件和材料清单

元件或材料名称	符号	型号	数量

表 1.3.6　I/O 分配表

输入			输出		
输入元件	作用	输入继电器	输出元件	作用	输出继电器

表 1.3.7　I/O 接线图

表 1.3.8　梯形图设计

表 1.3.9　调试方案设计

序号	操作步骤	预计出现结果

表 1.3.10　过程记录

问题	解决方法或思路

【评价反馈】

评分标准见表 1.3.11。

表 1.3.11　评分标准

评价内容		配分	考核点	评分细则
职业基本素养（20分）	作业前期准备	10分	写出作业前准备工作： 1. 正确着装，穿戴劳动防护用品； 2. 正确检查工作现场的电源位置与状态，确保操作的安全性； 3. 正确清点操作所需仪表、工具、元器件的数量，并检查其状态符合作业要求。	1. 未按要求写出着装要求，扣3分； 2. 未按要求写出清点工具、仪表等，每项扣1分； 3. 未按要求写出工具摆放整齐，扣3分。
	6S规范	10分	写出6S规范： 1. 作业全程正确使用和摆放工器具、仪表、元器件，不出现使用及摆放不当造成的器具损坏； 2. 作业过程中无不文明行为，独立完成考核内容，能进行合理沟通与交流，正确应对突发事件； 3. 具有安全用电意识，操作符合安全规程要求； 4. 合理、正确选取材料，不造成材料浪费； 5. 作业结束后清理工器具、打扫工作现场。	1. 未按要求写出操作过程中摆放工具、仪表，杂物等，扣5分； 2. 未按要求写出完成任务后清理工位，扣5分； 3. 未按要求写出，换线断电，损坏设备，考试成绩为0分。
专业知识与技能（80分）	地址分配	20分	I/O 的选择符合题目控制要求。	I/O 未按题目要求设置，每处扣2分。
	控制程序输入	20分	1. 熟练操作编程软件，将设计的程序正确输入计算机，写入PLC； 2. 发现错误的输入点，能够进行更正。	1. 不会熟练操作软件输入程序，扣10分； 2. 不会进行程序删除、插入、修改等操作，每项扣2分； 3. 不会联机下载调试程序，扣10分。
	硬件接线	20分	熟练地按照硬件接线图接线。	无法按系统接线图正确安装，扣20分。
	功能调试	20分	1. 正确分析、处理调试中遇到的软、硬件故障，并能优化程序； 2. 正确记录程序运行、调试过程中的各种参数，以及故障现象，处理过程等。	1. 不能按控制要求调试系统，扣10分； 2. 不能达到控制要求，每处扣5分； 3. 调试时造成元件损坏或者熔断器熔断，每次扣10分。

组员任务量见表 1.3.12。

表1.3.12　组员任务量

姓名	完成的工作	加权系数（教师给定）

评分见表1.3.13。

表1.3.13　评分

小组得分	（填组员姓名）得分	（　　）得分	（　　）得分	（　　）得分

【相关知识点】

1.3.1　数据类型

S7-200PLC 的指令系统所用的数据类型有1位布尔型（BOOL）、8位字节型（BYTE）、16位无符号整数型（WORD）、16位有符号整数型（INT）、32位符号双字整数型（DWORD）、32位有符号双字整数型（DINT）和32位实数型（REAL）。

在 S7-200PLC 中，不同的数据类型有不同的数据长度和数据范围。通常情况下，用位、字节、字和双字所占的连续位数表示不同数据类型的数据长度，其中，布尔型的数据长度为1位，字节的数据长度为8位，字的数据长度为16位，双字的数据长度为32位。数据类型、数据长度和数据范围见表1.3.14。

表1.3.14　数据类型、数据长度和数据范围

数据类型（数据长度）	无符号整数范围（十进制）	有符号整数范围（十进制）
布尔型（1位）	取值0、1	
字节 B（8位）	0 ~ 255	− 128 ~ 127
字 W（16位）	0 ~ 65535	− 32768 ~ 32767
双字 D（32位）	0 ~ 4294967295	− 2147493648 ~ 2147493647

1.3.2　存储器数据区划分

S7-200PLC 存储器有 3 个存储区,分别为程序区、系统区和数据区。

程序区用来存储用户程序,存储器为 EEPROM。系统区用来存储 PLC 配置结构的参数,如 PLC 主机、扩展模块 I/O 配置和编制、PLC 站地址等,存储器为 EEPROM。

数据区是用户程序执行过程中的内部工作区域。该区域用来存储工作数据和作为寄存器使用,存储器为 EEPROM 和 RAM。数据区是 S7-200PLC 存储器特定区域,具体如图 1.3.2 所示。

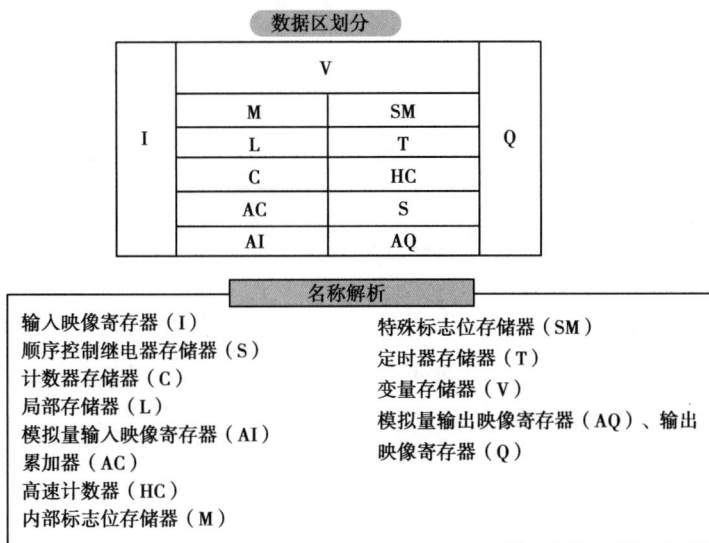

图 1.3.2　数据区划分示意图

1.3.3　数据区存储器的地址格式

存储器由许多存储单元组成,每个存储单元都有唯一的地址,在寻址时可以依据存储器的地址来存储数据。数据区存储器的地址格式有以下 4 种:

1)位地址格式

位是最小的存储单位,常用 0、1 两个数值来描述各元件的工作状态。当某位取值为 1 时,表示线圈闭合,对应触点发生动作,即常开触点闭合、常闭触点断开;当某位取值为 0 时,表示线圈断开,对应触点不动作,即常开触点断开、常闭触点闭合。

数据区存储器位地址格式可以表示为区域标识符 + 字节地址 + 字节与位分隔符 + 位号,如 I1.5,如图 1.3.3 所示,其中,第 0 位为最低位(LSB),第 7 位为最高位(MSB)。

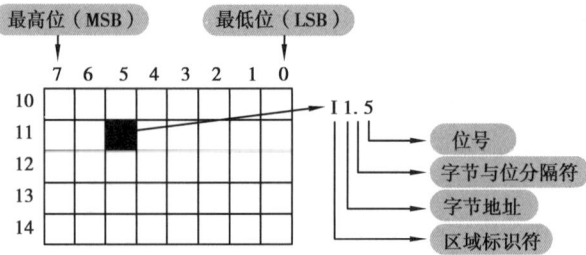

图 1.3.3　数据区存储器位地址格式

2) 字节地址格式

相邻的 8 位二进制数组成一个字节。字节地址格式可以表示为区域标识符 + 字节长度符 B + 字节号,如 QB0,表示由 Q0.0 — Q0.7 这 8 位组成的字节,如图 1.3.4 所示。

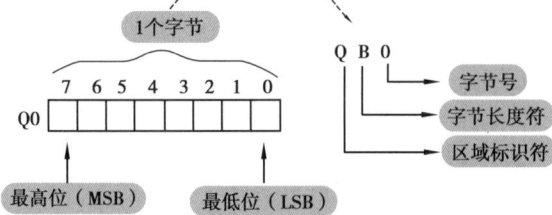

图 1.3.4　数据区存储器字节地址格式

3) 字地址格式

两个相邻的字节组成一个字。字地址格式可以表示为区域标识符 + 字长度符 W + 起始字节号,且起始字节为高有效字节,如 VW100,表示由 VB100 和 VB101 这两个字节组成的字,如图 1.3.5 所示。

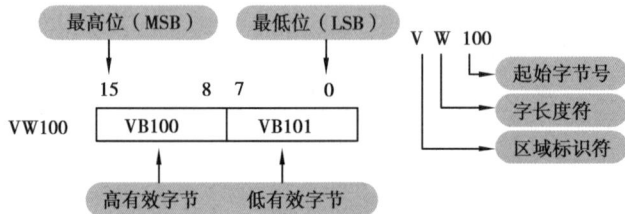

图 1.3.5　数据区存储器字地址格式

4) 双字地址格式

相邻的两个字组成一个双字。双字地址格式可以表示为区域标识符 + 双字长度符 D + 起始字节号,且起始字节为最高有效字节,如 VD100,表示由 VB100—VB103 这 4 个字节组成的双字,如图 1.3.6 所示。

1.3.4　PLC 的寻址方式

在执行程序过程中,处理器根据指令中所给的地址信息来寻找操作数的存放地址的方式称为寻址方式。S7-200PLC 的寻址方式有立即寻址、直接寻址和间接寻址,如图 1.3.7 所示。

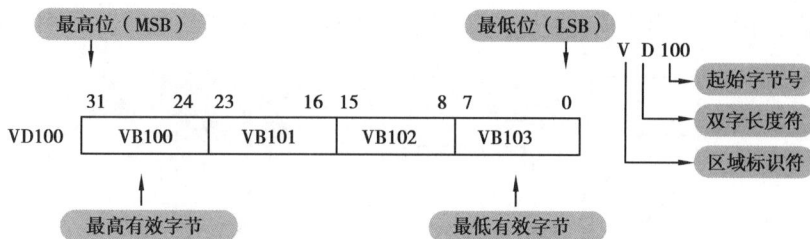

图 1.3.6　数据区存储器双字地址格式

1)立即寻址

可以立即进行运算操作的数据称为立即数,对立即数直接进行读写的操作寻址称为立即寻址。立即寻址可用于提供常数和设置初始值等。立即寻址的数据在指令中常常以常数的形式出现,常数可以为字节、字、双字等数据类型。CPU 通常以二进制方式存储所有常数,指令中的常数也可按十进制、十六进制、ASCII 等形式表示,具体格式如下:

①二进制格式:在二进制数前加 2#表示二进制格式,如 2#1010。

②十进制格式:直接用十进制数表示即可,如 8866。

③十六进制格式:在十六进制数前加 16#表示十六进制格式,如 16#2A6E。

④ASCII 码格式:用单引号 ASCII 码文本表示,如"Hi"。

需要指出,"#"为常数格式的说明符,若无"#"则默认为十进制。

2)直接寻址

直接寻址是指在指令中直接使用存储器或寄存器地址编号,直接到指定的区域读取或写入数据。直接寻址有位、字节、字和双字等寻址格式,如 I1.5、QB0、VW100、VD100。具体图例与图 1.3.3—图 1.3.5 大致相同,这里不再赘述。

需要说明的是,位寻址的存储区域有 I、Q、M、SM、L、V、S;字节、字、双字寻址的存储区域有 I、Q、M、SM、L、V、S、AI、AQ。

3)间接寻址

间接寻址是指数据存储在存储器或寄存器中,在指令中只出现所需数据所在单元的内存地址,即指令给出的是存储操作数地址的存储单元的地址,把存储单元地址的地址称为地址指针。在 S7-200PLC 中只允许使用指针对 I、Q、M、L、V、S、T(仅当前值)、C(仅当前值)存储区域进行间接寻址,而不能对独立位(bit)或模拟量进行间接寻址。

①建立指针。间接寻址前必须事先建立指针,指针为双字(即 32 位),存放的是另一个存储器的地址,指针只能为变量存储器(V)、局部存储器(L)或累加器(AC1、AC2、AC3)。建立指针时,要使用双字传送指令(MOVD)将数据所在单元的内存地址传送到指针中,双字传送指令(MOVD)的输入操作数前需加"&"符号,表示送入的是某一存储器的地址而不是存储器中的内容。例如,"MOVD&VB200,AC1"指令,表示将 VB200 的地址送入累加器 AC1

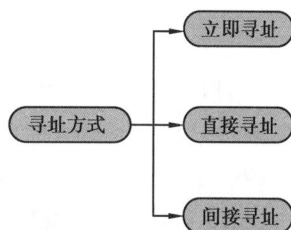

中,其中累加器 AC1 就是指针。

②利用指针存取数据。在利用指针存取数据时,指令中的操作数前需加符号,表示该操作数作为指针。例如,"MOVW * AC1,AC0"指令,表示把 AC1 中的内容送入 AC0 中。

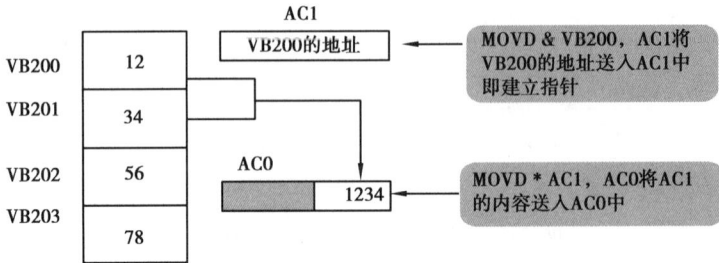

图 1.3.8　间接寻址图示

③间接寻址举例。用累加器(AC1)作地址指针,将变量存储器 VB200、VB201 中的两个字节数据内容 1234 移入标志位寄存器 MB0、MB1 中。

解析:如图 1.3.8、图 1.3.9 所示。

a.建立指针,用双字节移位指令 MOVD 将 VB200 的地址移入 AC1 中。

b.用字移位指令 MOVW 将 AC1 中的地址 VB200 所存储的内容(VB200 中的值为 12,VB201 中的值为 34)移入 MW0 中。

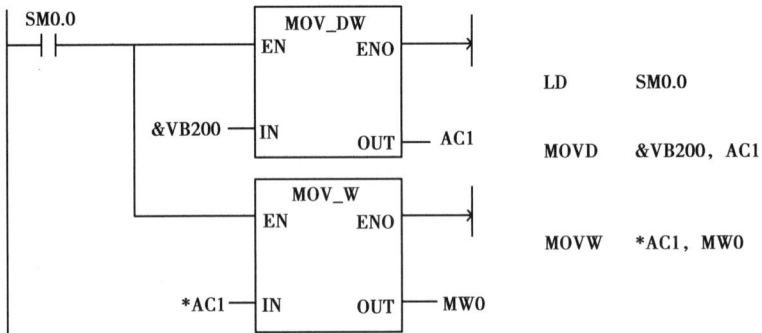

(a)梯形图　　　　　　　　　(b)语句表

图 1.3.9　间接寻址举例

1.3.5　定时器指令介绍

定时器是 PLC 中最常用的编程元件之一,其功能与继电器控制系统中的时间继电器相同,起到延时作用。与时间继电器不同的是定时器有无数对常开/常闭触点供用户编程使用。其结构主要由一个 16 位当前值寄存器(用来存储当前值)、一个 16 位预置值寄存器(用来存储预置值)和 1 位状态位(反映其触点的状态)组成。

在 S7-200PLC 中,按工作方式的不同,可以将定时器分为 3 大类,分别为通电延时型定时器、断电延时型定时器和保持型通电延时定时器。定时器指令的指令格式见表 1.3.15。

表 1.3.15　定时器指令的指令格式

名称	通电延时型定时器	断电延时型定时器	保持型通电延时定时器
定时器类型	TON	TOF	TONR
梯形图	Tn — IN TON — PT	Tn — IN TOF — PT	Tn — IN TONR — PT
语句表	TON　Tn,PT	TOF　Tn,PT	TONR　Tn,PT

1）图说定时器指令

图说定时器指令如图 1.3.10 所示。

①定时器编号：T0-T255。

②使能端：使能端控制着定时器的能流，当使能端输入有效时，也就是说使能端有能流流过时，定时时间到，定时器输出状态为 1（定时器输出状态为 1 可以近似理解为定时器线圈吸合）；当使能端输入无效时，也就是说使能端无能流流过时，定时器输出状态为 0。

③预置值输入端：在编程时，根据时间设定需要在预置值输入端输入相应的预置值，预置值为 16 位有符号整数，允许设定的最大值为 32767，其操作数为 VW、IW、QW、SW、SMW、LW、AIW、T、C、AC、常数等。

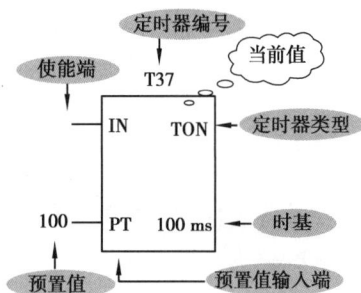

图 1.3.10　图说定时器指令

④时基：相应的时基有 3 种，分别为 1 ms、10 ms 和 100 ms。不同的时基，对应的最大定时范围、编号和定时器刷新方式不同。

⑤当前值：定时器当前所累计的时间称为当前值。当前值为 16 位有符号整数，最大计数值为 32 767。

⑥定时时间计算公式为

$$T = PT \times S$$

式中　T 为定时时间；

　　　PT 为预置值；

　　　S 为时基。

2）定时器类型、时基和编号

定时器类型、时基和编号见表 1.3.16。

表 1.3.16　定时器类型、时基和编号

定时器类型	时基/ms	最大定时范围/s	定时器编号
TONR	1	32.767	T0 和 T64
	10	327.67	T1～T4 和 T65～T68
	100	3 276.7	T5～T31 和 T69～T95

续表

定时器类型	时基/ms	最大定时范围/s	定时器编号
	1	32.767	T32 和 T96
TON/TOF	10	327.67	T33 ~ T36 和 T97 ~ T100
	100	3 276.7	T37 ~ T63 和 T101 ~ T255

1.3.6 定时器指令的工作原理

1)通电延时型定时器(TON)指令工作原理

①工作原理:当使能端输入(IN)有效时,定时器开始计时,当前值从 0 开始递增,当当前值大于或等于预置值时,定时器输出状态为 1(定时器输出状态为 1 可以近似理解为定时器线圈吸合),相应的常开触点闭合、常闭触点断开;到达预置值后,当前值继续增大,直到最大值 32 767,在此期间定时器输出状态仍然为 1,直到使能端无效时,定时器才复位,当前值被清零,此时输出状态为 0。

②应用举例。如图 1.3.11 所示。

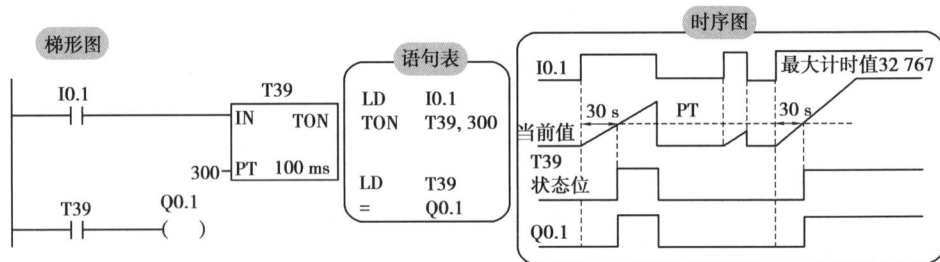

图 1.3.11 通电延时定时器应用举例

案例解析:

当 I0.1 接通时,使能端(IN)输入有效,定时器 T39 开始计时,当前值从 0 开始递增,当当前值等于预置值 300 时,定时器输出状态为 1,定时器对应的常开触点 T39 闭合,驱动线圈 Q0.1 吸合;当 I0.1 断开时,使能端(IN)输出无效,T39 复位,当前值清零,输出状态为 0,定时器常开触点 T39 断开,线圈 Q0.1 断开。若使能端接通时间小于预置值,定时器 T39 立即复位,线圈 Q0.1 也不会有输出;若使能端输出有效,计时到达预置值以后,当前值仍然增加,直到 32 767,在此期间定时器 T39 输出状态仍为 1,线圈 Q0.1 仍处于吸合状态。

2)断电延时型定时器(TOF)指令工作原理

①工作原理:当使能端输入(IN)有效时,定时器输出状态为 1,当前值复位;当使能端(IN)断开时,当前值从 0 开始递增,当当前值等于预置值时,定时器复位并停止计时,当前值保持。

②应用举例。如图 1.3.12 所示。

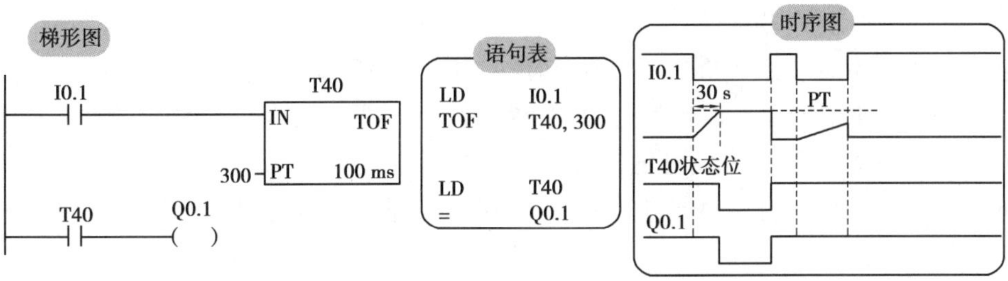

图 1.3.12　保持型通电延时定时器应用举例

案例解析：

当 I0.1 接通时，使能端(IN)输入有效，当前值为 0，定时器 T40 输出状态为 1，驱动线圈 Q0.1 有输出；当 I0.1 断开时，使能端输入无效，当前值从 0 开始递增，当当前值到达预置值时，定时器 T40 复位为 0，线圈 Q0.1 也无输出，但当前值保持；当 I0.1 再次接通时，当前值仍为 0；若 I0.1 断开的时间小于预置值，定时器 T40 仍处于置 1 状态。

3)保持型通电延时定时器(TONR)指令工作原理

①工作原理：当使能端(IN)输入有效时，定时器开始计时，当前值从 0 开始递增，当当前值到达预置值时，定时器输出状态为 1；当使能端(IN)无效时，当前值处于保持状态，但当使能端再次有效时，当前值在原来保持值的基础上继续递增计时；保持型通电延时定时器采用线圈复位指令(R)进行复位操作，当复位线圈有效时，定时器当前值被清零，定时器输出状态为 0。

②应用举例。如图 1.3.13 所示。

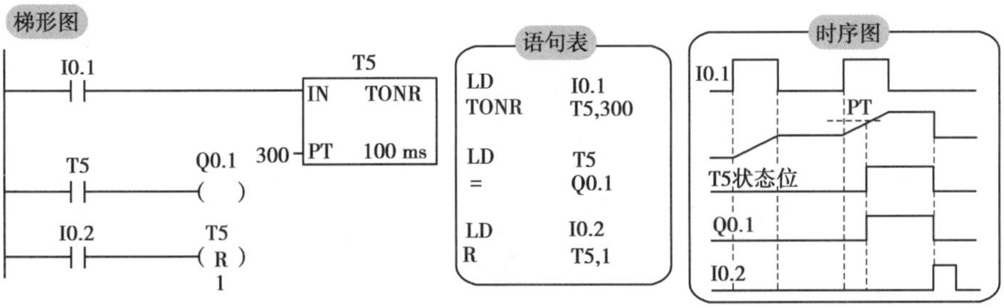

图 1.3.13　保持型通电延时定时器应用举例

案例分析：

当 I0.1 接通时，使能端(IN)有效，定时器开始计时；当 I0.1 断开时，使能端无效，但当前值仍然保持并不复位，当使能端再次有效时，其当前值在原来的基础上开始递增，当前值大于等于预置值时，定时器 T5 状态位置 1，线圈 Q0.1 有输出，此后即使是使能端无效时，定时器 T5 状态仍然为 1，I0.2 闭合，线圈复位(T5)指执行复位操作时，定时器 T5 状态位才被清零，定时器 T5 常开触点断开，线圈 Q0.1 断电。

4)使用说明

①通电延时型定时器符合通常的编程习惯，与其他两种定时器相比，在实际编程中通电延时型定时器应用最多。

②通电延时型定时器适用于单一间隔定时;断电延时型定时器适用于故障发生后的时间延时;保持型通电延时定时器适用于累计时间间隔定时。

③通电延时型定时器和断电延时型定时器共用同一组编号(表1.3.15),同一编号的定时器不能既作通电延时型定时器使用,又作断电延时型(TOF)定时器使用。例如,不能既有通电延时型定时器 T37,又有断电延时型定时器 T37。

④可以用复位指令对定时器进行复位,且保持型通电延时定时器只能用复位指令对其进行复位操作。

⑤对不同时基的定时器,它们当前值的刷新周期是不同的。

项目 2　变电站巡检机器人运动控制系统的设计与调试

任务 2.1　变电站巡检机器人直线巡视控制系统的设计与调试

【任务情境描述】

变电站设备巡视分为正常巡视(含交接班巡视)、全面巡视、熄灯巡视和特殊巡视,各类巡视应作好记录。变电站巡检机器人可以自主或遥控的方式,在无人值守的环境中,完成对高压设备进行红外温度监测、仪表油位的图像识别、变压器和电抗器噪声监测等任务,并进行发热设备运行编号、发热部位具体描述、发热点温度、该台设备其他相同部位温度(或同类型设备相同部位温度)、负荷电流大小、测温时间、天气状况、环境温度等信息报警。

变电站巡检机器人的整体结构主要包括基站、移动体控制系统以及由可见光图像摄像机、红外图像摄像机和声音探测器等组成的电站设备检测系统 3 个部分。移动体是整个机器人系统的移动载体和信息采集控制载体,主要包括移动车体、移动体运动控制系统和通信系统。

本任务主要针对移动车体运动系统中的直线巡视系统进行设计及调试,实现巡检机器人按照预定轨迹进行移动监测,如图 2.1.1 所示。

图 2.1.1　巡检机器人巡视图

【任务目标】

知识要求：

1. 熟悉巡检机器人直线巡视系统工作过程；

2. 了解巡检机器人直线巡视系统控制环节；

3. 熟悉计数器、定时器等相关指令；

4. 了解梯形图使用方法；

5. 了解 PLC 程序设计原则。

能力要求：

1. 能设计 I/O 分配表；

2. 能绘制硬件接线图；

3. 能进行程序设计及优化；

4. 能进行电气控制系统硬件部分安装；

5. 能发现并解决电气控制系统运行过程中出现的问题；

6. 能进行电气控制系统运行维护及异常处理。

素质要求：

1. 能配合团队工作，和团队成员进行良好协作；

2. 诚信友善，具备基本职业道德素养；

3. 能细心按照标准化作业流程进行作业，具备创新意识；

4. 能严格按照企业行为规范和职业道德要求开展工作，有精益求精的工作态度和安全规范操作的意识。

【任务书】

任务名称：变电站巡检机器人直线巡视控制系统的设计与调试。

任务内容：本任务以无人值班变电站巡检机器人为载体，实现巡检机器人按预定轨迹进行直线巡视。具体要求如下：

①按下启动按钮巡检机器人能开始进行直线巡视。

②巡检机器人能根据巡视路线进行巡视，在到达巡视设备时能停下进行巡视。

③巡检机器人在巡视完成后能自动返回充电小室进行充电。

任务清单见表 2.1.1。

表 2.1.1　任务清单

任务内容	任务要求	验收方式
完成电气接线原理图	符合电气接线原理图绘图原则及标准规定	材料提交
根据电气接线原理图完成电路配线	符合《电气装置安装工程盘、柜及二次回路接线施工及验收规范》等相关标准	成果展示
完成 PLC 程序设计及变频器参数设计,实现任务功能性要求	实现任务功能性要求	成果展示
完成设计说明书、产品使用说明书	结构清晰,内容完整,文字简洁、规范,图片清楚、规范	材料提交

【任务分组】

任务分配表见表 2.1.2。

表 2.1.2　学生任务分配表

班级		组号		指导老师	
组长		学号			
组员 1		学号			
组员 2		学号			
任务分工:					

设计任务	主要内容	分　工

【获取信息】

引导问题1:分析巡检机器人的控制过程,提取直线巡检的控制环节。

巡检机器人控制过程

_____

_____

_____

引导问题2:如图2.1.2所示,试设计电动机正反转控制回路,并说明工作原理。

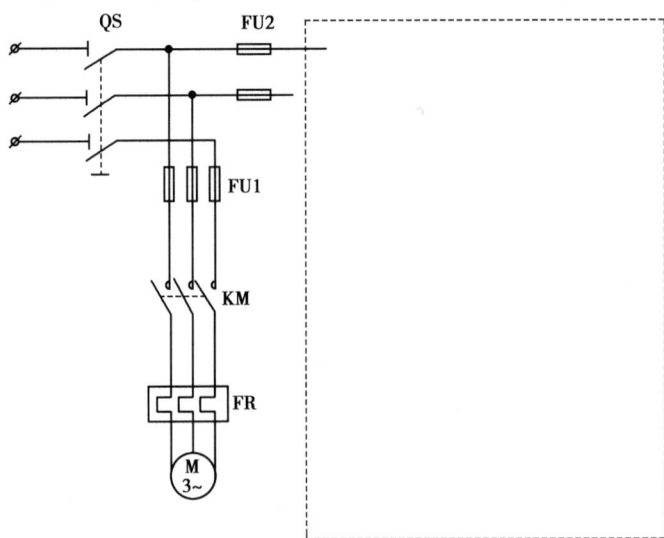

图 2.1.2 正反转控制回路图

_____

_____

_____

_____

_____

引导问题3:如何实现巡检机器人定点定位(列举两种方式,并进行差异分析)?

_____

_____

_____

引导问题4:图2.1.3中是什么元件?有什么作用?与PLC如何接线?

图2.1.3 元件图

接线示意图:

引导问题 5：了解定时器——3 种定时器应用。

（1）试结合时序图进行如图 2.1.4 所示计数器应用解析。

加计数器　　课件 PPT 加计数器

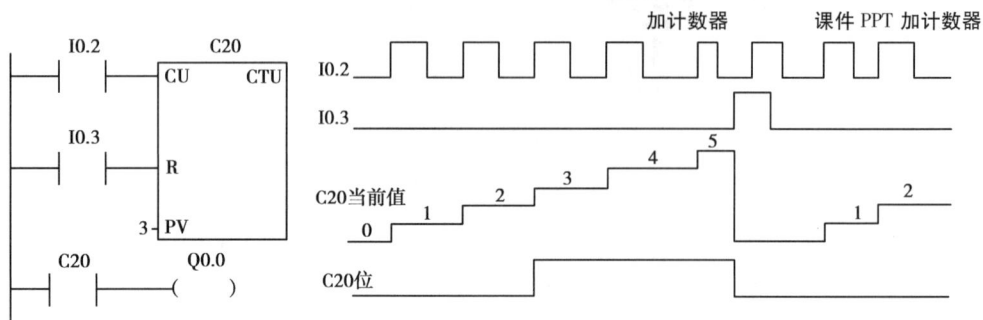

图 2.1.4　CTU 计数器

减计数器指令

_____

_____

_____

_____

（2）试结合时序图进行如图 2.1.5 所示计数器应用解析。

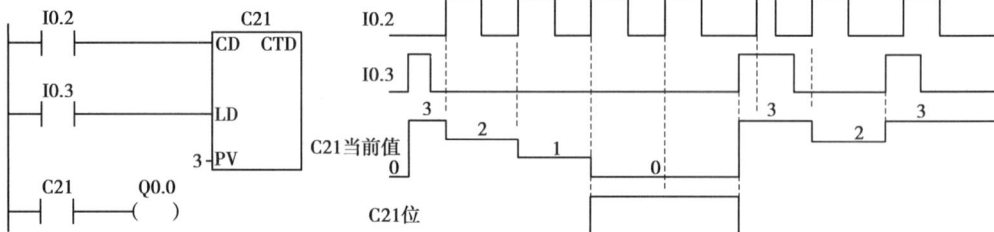

图 2.1.5　CTD 计数器

_____

_____

_____

（3）试结合时序图进行如图 2.1.6 所示计数器应用解析。

加减计数器　　课件 PPT 加减计数器

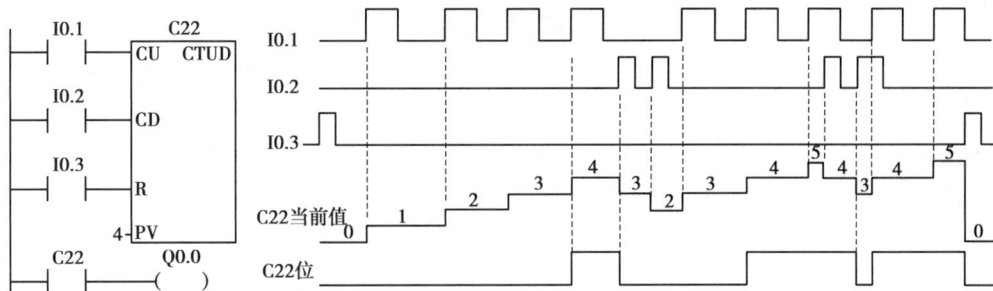

图 2.1.6　CTUD 计数器

【制订计划】

1. 预订计划

学生思考任务方案,并在表 2.1.3 中用适当的方式予以表达。

表 2.1.3　计划制订工作单(成员使用)

1. 任务解决方案
建议从不同功能要求分别描述解决方案。

2. 任务涉及设备信息、使用工具、材料列表	
需要的电气装置、电气元件等	
需要的工具	
需要的材料	

2. 确定计划

请根据小组讨论及教师引导选择决策方式。小组根据检查、讨论确定计划,并在表 2.1.4 中用适当的方式予以表达。

表 2.1.4　计划决策工作单（小组决策使用）

1. 小组讨论决策

负责人：_____讨论发言人：_____

决策结论及方案变更：

_____

_____

_____

_____

_____

_____

_____

2. 小组互换决策

优点	缺点	综合评价 （A、B、C、D）	签名

3. 人员分工与进度安排

内容	人员	时间安排	备注

【实施计划】

按照确定的计划进行电路设计、元器件选择、配线、PLC 程序设计与调试等工作，并将实施的主要流程环节，每个流程中遇到问题及完成时间填写至表 2.1.10 中，部分成果分别填写至表 2.1.5—表 2.1.9 中。

表 2.1.5　元件和材料清单

元件或材料名称	符号	型号	数量

续表

元件或材料名称	符号	型号	数量

表 2.1.6　I/O 分配表

输入			输出		
输入元件	作用	输入继电器	输出元件	作用	输出继电器

表 2.1.7　I/O 接线图

表 2.1.8　梯形图设计

| |
| |

表 2.1.9　调试方案设计

序号	操作步骤	预计出现结果

表 2.1.10　过程记录

问题	解决方法或思路

续表

问题	解决方法或思路

【评价反馈】

评分标准见表 2.1.11。

表 2.1.11　评分标准

评价内容		配分	考核点	评分细则	得分
职业基本素养（20分）	作业前期准备	10分	写出作业前准备工作： 1. 正确着装,穿戴劳动防护用品； 2. 正确检查工作现场的电源位置与状态,确保操作的安全性； 3. 正确清点操作所需仪表、工具、元器件的数量,并检查其状态符合作业要求。	1. 未按要求写出着装要求,扣 3 分； 2. 未按要求写出清点工具、仪表等,每项扣 1 分； 3. 未按要求写出工具摆放整齐,扣 3 分。	
	6S规范	10分	写出 6S 规范： 1. 作业全程正确使用和摆放工器具、仪表、元器件,不出现使用及摆放不当造成的器具损坏； 2. 作业过程中无不文明行为,独立完成考核内容,能进行合理沟通与交流,正确应对突发事件； 3. 具有安全用电意识,操作符合安全规程要求； 4. 合理、正确选取材料,不造成材料浪费； 5. 作业结束后清理工器具、打扫工作现场。	1. 未按要求写出操作过程中摆放工具、仪表,杂物等,扣 5 分； 2. 未按要求写出完成任务后清理工位,扣 5 分； 3. 未按要求写出,换线断电,损坏设备,考试成绩为 0 分。	

续表

评价内容		配分	考核点	评分细则	得分
专业知识与技能（80分）	地址分配	20分	I/O 的选择符合题目控制要求。	I/O 未按题目要求设置,每处扣2分。	
	控制程序输入	20分	1. 熟练操作编程软件,将设计的程序正确输入计算机,写入 PLC; 2. 发现错误的输入点,能够进行更正。	1. 不会熟练操作软件输入程序,扣10分; 2. 不会进行程序删除、插入、修改等操作,每项扣2分; 3. 不会联机下载调试程序,扣10分。	
	硬件接线	20分	熟练地按照硬件接线图接线。	无法按系统接线图正确安装,扣20分。	
	功能调试	20分	1. 正确分析、处理调试中遇到的软、硬件故障,并能优化程序; 2. 正确记录程序运行、调试过程中的各种参数,以及故障现象,处理过程等。	1. 不能按控制要求调试系统,扣10分; 2. 不能达到控制要求,每处扣5分; 3. 调试时造成元件损坏或者熔断器熔断,每次扣10分。	
总分					

组员任务量见表 2.1.12。

表 2.1.12　组员任务量

姓名	完成的工作	加权系数(教师给定)

评分见表 2.1.13。

表 2.1.13　评分

小组得分	(填组员姓名)得分	(　　)得分	(　　)得分	(　　)得分

【相关知识点】

2.1.1 梯形图的编程规则及程序的优化

1)梯形图的特点及编程规则

梯形图是一种图形语言,沿用传统继电器电路图中的继电器触点、线圈、串联、并联等术语和一些图形符号构成,左右的竖线称为左右母线(S7-200 CPU 梯形图中省略了右侧的母线)。

梯形图按自上而下、从左到右的顺序排列。每一个继电器线圈为一个逻辑行,称为一个梯级。每一个逻辑行起始于左母线,然后是触点的各种连接,最后是线圈,整个图形称梯形。

①PLC 梯形图中的某些编程元件沿用了继电器这一名称,如输入继电器、输出继电器、内部辅助继电器等,但它们不是真实的物理继电器(即硬件继电器),而是在梯形图中使用的编程元件(即软元件)。

每一软元件与 PLC 存储器中元件映像寄存器的一个存储位相对应。以辅助继电器为例,如果该存储位为 0 状态,则梯形图中对应的软元件的线圈"断电",其常开触点断开,常闭触点闭合,称该软元件为 0 状态,或称该软元件为 OFF(断开);如果该存储位为 1 状态,则对应软元件的线圈"有电",其常开触点接通,常闭触点断开,称该软元件为 1 状态,或称该软元件为 ON(接通)。

②根据梯形图中各触点的状态和逻辑关系,求出图中各线圈对应的软元件的 ON/OFF 状态,称为梯形图的逻辑运算。

逻辑运算是按梯形图从上到下、从左至右的顺序进行的,运算的结果可以马上被后面的逻辑运算所利用。逻辑运算是根据元件映像寄存器中的状态,而不是根据运算瞬时外部输入触点的状态来进行运算的。

③梯形图中各软元件的常开触点和常闭触点均可以无限、多次地被使用。

④输入继电器的状态唯一取决于对应的外部输入电路的通断状态,在梯形图中不能出现输入继电器的线圈。

⑤辅助继电器相当于继电控制系统中的中间继电器,用来保存运算的中间结果,不对外驱动负载,负载只能由输出继电器来驱动。梯形图中,信息流程从左到右,继电器线圈应与右边的母线直接相连,线圈的右边不能有触点,而左边必须有触点。

⑥用编程软件生成的梯形图和语句表程序中有网络编号,允许以网络为单位,给梯形图加注释。在网络中,程序的逻辑运算按从左到右的方向执行,与能流的方向一致。各网络按从上到下的顺序执行,执行完所有的网络后,返回最上面的网络重新执行。使用编程软件可以直接生成和编辑梯形图,并可将它下载到可编程控制器中。

2)梯形图的优化及禁忌

(1)线圈右边无触点

梯形图中每一逻辑行从左到右排列,以触点与左母线连接开始,以线圈、功能指令与右母线(可允许省略右母线)连接结束。触点不能接在线圈的右边,线圈不能直接与左母线连接,必须通过触点才可连接,如图 2.1.7 所示。

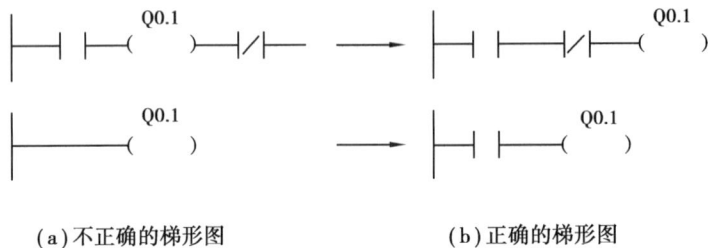

(a)不正确的梯形图   (b)正确的梯形图

图 2.1.7　线圈右边无触点的梯形图

(2)线圈不能重复使用

在同一个梯形图中,如果同一元件的线圈被使用两次或多次,那么前面的输出线圈对外输出无效,只有最后一次的输出线圈有效,程序中一般不出现双线圈输出。如图 2.1.8(a)所示的梯形图必须改为如图 2.1.8(b)所示的梯形图。

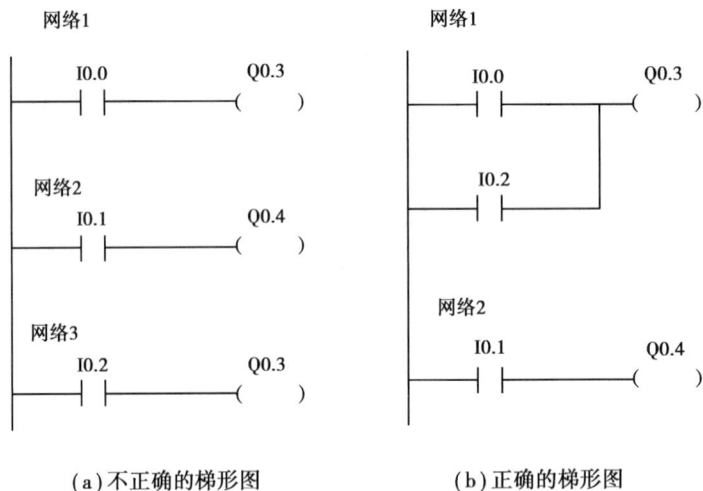

(a)不正确的梯形图   (b)正确的梯形图

图 2.1.8　线圈不能重复使用的梯形图

(3)触点水平不垂直

触点应画在水平线上,不能画在垂直线上。如图 2.1.9(a)所示的 C20 触点被画在垂直线上,很难正确识别它与其他触点的逻辑关系,这种十字连接支路应该按如图 2.1.9(b)所示转化。

(4)触点多左上移

如果有串联电路块并联,应将串联触点多的电路块放在最上面;如果有并联电路块串联,需将并联触点多的电路块移至左母线,这样可以使编制的程序简洁,指令语句少,如图2.1.10 所示。

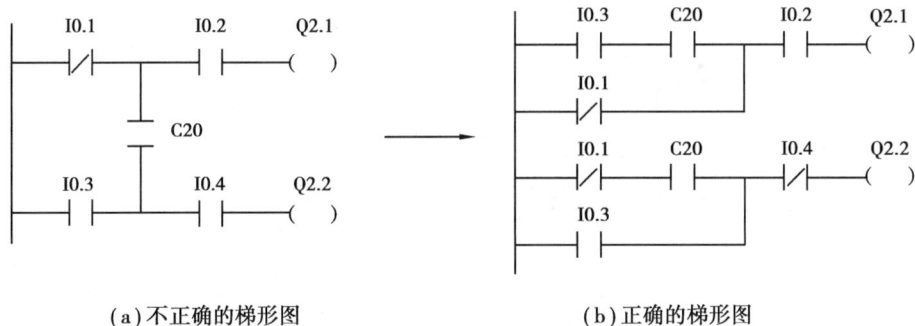

（a）不正确的梯形图　　　　　　　　（b）正确的梯形图

图 2.1.9　触点水平不垂直的梯形图

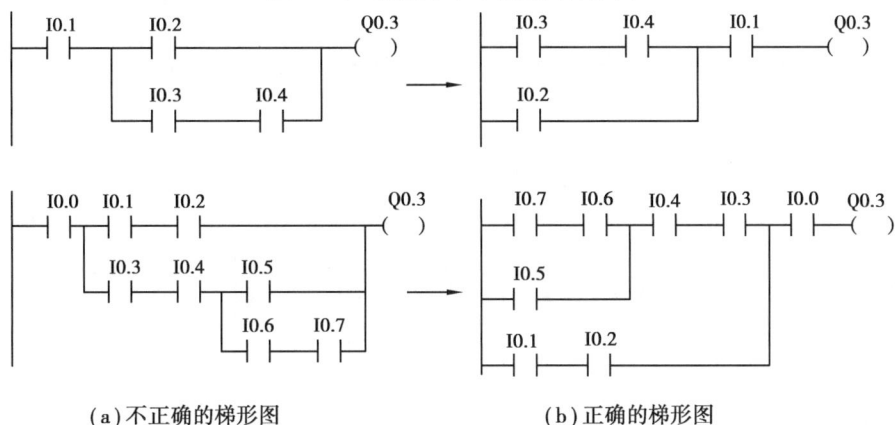

（a）不正确的梯形图　　　　　　　　（b）正确的梯形图

图 2.1.10　触点多上并左的梯形图

（5）顺序不同结果也不同

PLC 的运行是按照从左到右、从上而下的顺序执行的，即串行工作；而继电器控制电路是并行工作的，电源一接通，并联支路都有相同电压。在 PLC 的编程中应注意程序的顺序不同，其执行结果也不同，如图 2.1.11 所示。

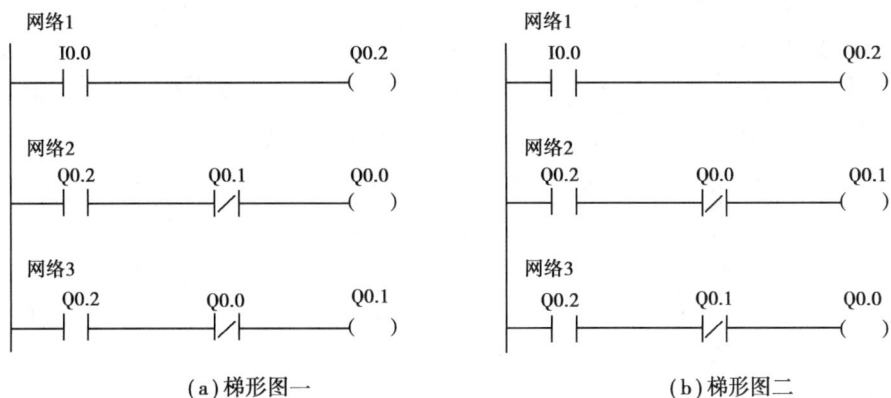

（a）梯形图一　　　　　　　　　　　（b）梯形图二

当 I0.0 为 ON 时，Q0.0、Q0.2 为 ON，Q0.1 为 OFF　　　当 I0.0 为 ON 时，Q0.1、Q0.2 为 ON，Q0.0 为 OFF

图 2.1.11　程序顺序不同结果也不同的梯形图

2.1.2 计数器及使用

计数器分为内部信号计数器(简称"内部计数器")和外部高速计数器(简称"高速计数器")。

计数器用来累计输入脉冲(上升沿)的个数,当计数器达到预置值时,计数器发生动作,以完成计数控制任务。S7-200CPU 提供了 256 个内部计数器,共分为 3 种类型:加计数器(CTU)、减计数器(CTD)和加/减计数器(CTUD)。计数器指令见表 2.1.14。

表 2.1.14　计数器指令

形式	指令名称		
	加计数器(CTU)	减计数器(CTD)	加/减计数器(CTUD)
梯形图符号	C×××　CU　CTU　R　PV	C×××　CD　CTD　LD　PV	C×××　CU　CTUD　CD　R　PV
格式	CTU C×××,PV	CTD C×××,PV	CTUD C×××,PV

在表 2.1.14 中,C×××为计数器号,取 C0 ~ C255(每个计数器有一个当前值,不要将相同的计数器号码指定给一个以上计数器);CU 为加计数器信号输入端;CD 为减计数器信号输入端;R 为复位输入;LD 为预置值装载信号输入(相当于复位输入);PV 为预置值。计数器的当前值是否掉电保持可以由用户设置。

1)加计数器指令

每个加计数器(CTU)有一个 16 位的当前值寄存器及一个状态位。对加计数器,在 CU 输入端,每当一个上升沿到来时,计数器当前值加 1,直至计数到最大值(32767)。当前计数值大于或等于预置计数值(PV)时,该计数器状态位被置位(置 1),计数器的当前值仍被保持。如果在 CU 端仍有上升沿到来时,计数器仍计数,但不影响计数器的状态位。当复位端(R)置位时,计数器被复位,即当前值清零,状态位也清零。如图 2.1.12 所示为加计数器指令使用举例。加计数器 C40 对 CU 输入端(I0.0)的脉冲累加值达到 3 时,计数器的状态位被置 1,C40 常开触点闭合,使 Q0.0 得电,直至 I0.1 触点闭合,使计数器 C40 复位,Q0.0 失电。

2)减计数器指令

每个减计数器(CTD)有一个 16 位的当前值寄存器及一个状态位。对减计数器,当复位端 LD 输入脉冲上升沿信号时,计数器被复位,减计数器装入预设值(PV),状态位清零,但是当启动计数后,在 CD 输入端,每当一个上升沿到来时,计数器当前值减 1,当前计数值等于 0

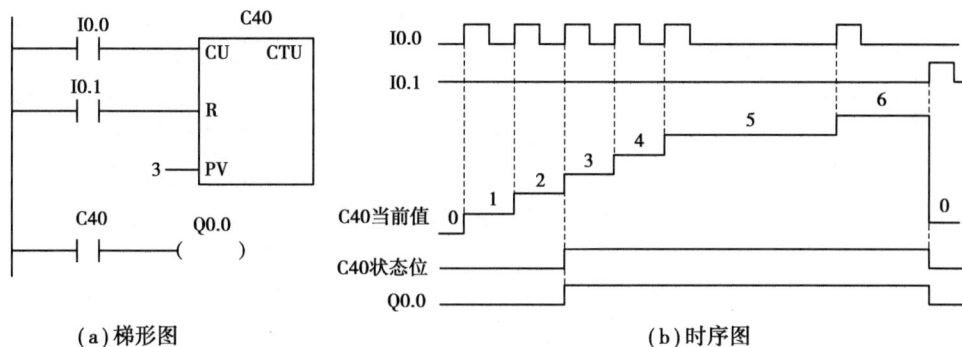

图 2.1.12　加计数器使用举例

时,该计数器状态位被置位,计数器停止计数。如果在 CD 端仍有上升沿到来,计数器仍保持为 0,且不影响计数器的状态位。如图 2.1.13 所示为减计数器指令使用举例。I0.1 的上升沿信号给 C1 复位端(LD)一个复位信号,使其状态位为 0,同时 C1 装入预置值 3。C1 的输入端 CD 累积脉冲达到 3 时,C1 的当前值减到 0,C1 的状态位置 1,使 Q0.0 得电,直至 I0.1 的下一个上升沿到来。

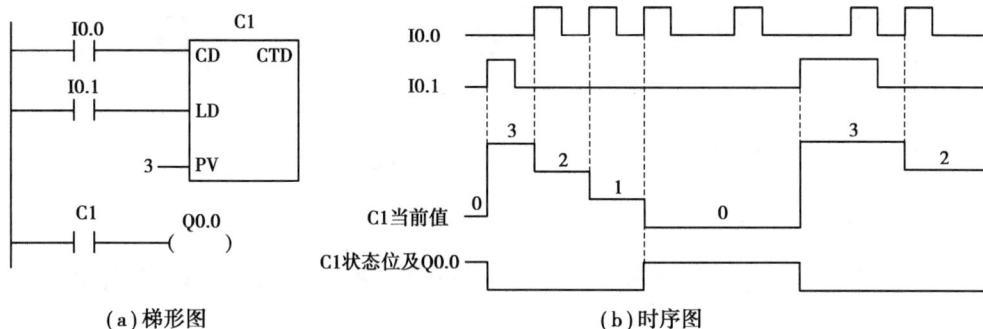

图 2.1.13　减计数器使用举例

3)加/减计数器指令

加/减计数器指令(CTUD)兼有加计数器和减计数器的双重功能,在每一个加计数输入(CU)的上升沿时加计数,在每一个减计数输入(CD)的上升沿时减计数。计数器的当前值保存当前计数值。在每一次计数器执行时,预置值 PV 与当前值作比较,当 CTUD 计数器当前值大于等于预置值 PV 时,计数器状态位置位;否则,计数器位复位。当复位端(R)接通或者执行复位指令后,计数器复位。当加/减计数器达到最大值(32767)时,加计数输入端的下一个上升沿导致当前计数值变为最小值(-32768)。当达到最小值(-32768)时,减计数输入端的下一个上升沿导致当前计数值变为最大值(32767)。如图 2.1.14 所示为加/减计数器指令使用举例。

4)计数器的应用

计数器(C)的应用如图 2.1.15 所示。

I0.3 的上升沿使计数器 C0 复位,C0 对 I0.4 输入的脉冲计数,输入的脉冲数达到 6 个时,计数器 C0 的常开触点闭合,Q0.0 得电。I0.3 再动作时,C0 复位,Q0.0 失电。

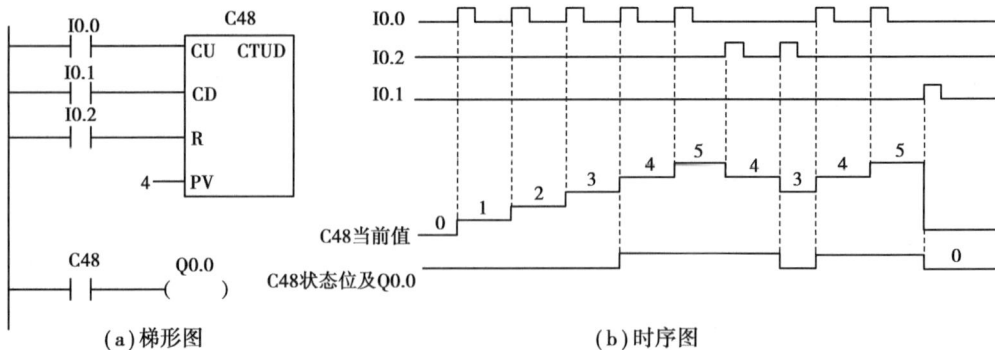

图 2.1.14　加/减计数器使用举例

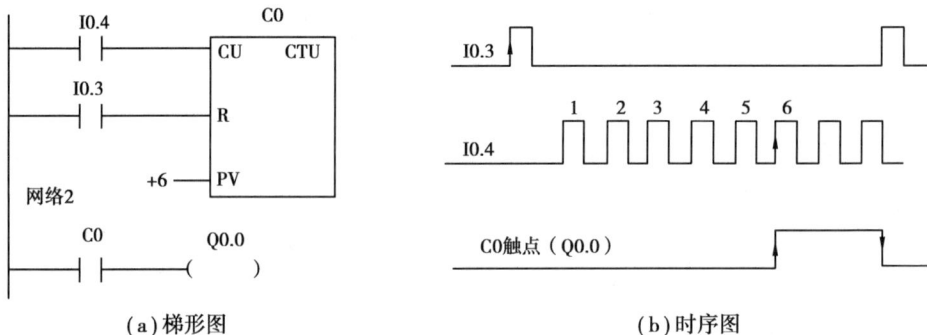

图 2.1.15　计数器的应用

任务2.2　配电间巡检机器运动控制系统的设计与调试

【任务情境描述】

配电间智能巡检控制系统专用于电力项目,可消除很多电力公司运维弱点。例如,成本消耗大、专业人手少、巡检效率低等问题,把配电柜、门禁等一些设备进行综合管理,让工作人员用计算机就能获知配电室运行状态,省去不必要的人力、物力消耗。

配电间巡检机器人具有智能的轨道设备,可实现开关柜图像信息的无死角采集,并对图像信息进行智能分析,联合声音识别系统、在线测温、测局部放电和 SF6 传感器等设备对配电间的运行状况进行全面掌握,对发现异常情况进行实时报警,可大大提高配电间的智能化管理水平。

轨道式配电间智能巡检机器人系统主要由以下几个部分组成:上位机控制系统,电气控制箱,视频、音频、控制信号发射接收系统(分有线和无线传输两种),轨道机构(分水平、环形两种轨道),吊装和壁挂组件,轨道机器人移动系统。

本任务主要针对配电间巡检机器人的移动系统进行设计及调试,实现巡检机器人能按照预定轨迹进行移动监测,如图 2.2.1 所示。

图 2.2.1　巡检机器人巡视图

【学习目标】

知识要求:

1. 熟悉配电间巡检机器人移动系统工作过程;

2. 了解配电间巡检机器人移动系统控制环节;

3. 熟悉数码管的应用;

4. 熟练比较指令的使用。

能力要求:

1. 能设计 I/O 分配表;

2. 能绘制硬件接线图;

3. 能进行程序设计及优化;

4. 能进行电气控制系统硬件部分安装;

5. 能发现并解决电气控制系统运行过程中出现的新问题;

6. 能进行电气控制系统运行维护及异常处理。

素质要求:

1. 能配合团队工作,和团队成员进行良好协作;

2. 诚信友善,具备基本职业道德素养;

3. 能细心按照标准化作业流程进行作业,具备创新意识;

4. 能严格按照企业行为规范和职业道德要求开展工作,有精益求精的工作态度和安全规范操作的意识。

【任务书】

任务名称:配电间巡检机器运动控制系统的设计与调试。

任务内容:本任务以智能配电间巡检机器人为载体,实现巡检机器人按预定轨迹进行巡视。具体要求如下:

①按下启动按钮巡检机器人依次开始开关柜巡视。

②进行配电柜巡视时可根据指令要求进行高、中、低层的针对性巡视。

③进行高、中、低层巡视时巡检机器人数码管分别显示 3、2、1。

④巡检机器人可根据指令单独巡视任意一台开关柜。

任务清单见表2.2.1。

表2.2.1　任务清单

任务内容	任务要求	验收方式
完成电气接线原理图	符合电气接线原理图绘图原则及标准规定	材料提交
根据电气接线原理图完成电路配线	符合《电气装置安装工程盘、柜及二次回路接线施工及验收规范》等相关标准	成果展示
完成PLC程序设计及变频器参数设计,实现任务功能性要求	实现任务功能性要求	成果展示
完成设计说明书、产品使用说明书	结构清晰,内容完整,文字简洁、规范,图片清楚、规范	材料提交

【任务分组】

任务分配表见表2.2.2。

表2.2.2　学生任务分配表

班级		组号		指导老师	
组长		学号			
组员1		学号			
组员2		学号			

任务分工:

设计任务	主要内容	分工

【获取信息】

引导问题1:分析巡检机器人的高、中、低层巡视的可能组合(如机器人在中层可能去高层或者低层)。

_____

_____

_____

_____

引导问题 2:尝试进行数码管的显示。尝试两种不同的数码管显示方法,并绘制其与 PLC 接线图。

显示原理 1:_____

_____

_____

显示原理 2:_____

_____

_____

接线示意图 1:

接线示意图 2:

【制订计划】

1. 预订计划

学生思考任务方案,并在表 2.2.3 中用适当的方式予以表达。

表 2.2.3　计划制订工作单(成员使用)

1. 任务解决方案

建议从不同功能要求分别描述解决方案。

_____

_____

_____

_____

_____

_____

2. 任务涉及设备信息、使用工具、材料列表

需要的电气装置、电气元件等	
需要的工具	
需要的材料	

2. 确定计划

请根据小组讨论及教师引导选择决策方式。小组根据检查、讨论确定计划,并在表 2.2.4 中用适当的方式予以表达。

表 2.2.4　计划决策工作单(小组决策使用)

1. 小组讨论决策

负责人:_____　　讨论发言人:_____

决策结论及方案变更:

_____

_____

_____

_____

_____

_____

续表

2. 小组互换决策

优点	缺点	综合评价 （A、B、C、D）	签名

3. 人员分工与进度安排

内容	人员	时间安排	备注

【实施计划】

按照确定的计划进行电路设计、元器件选择、配线、PLC 程序设计与调试等工作，并将实施的主要流程环节，每个流程中遇到问题及完成时间填写至表 2.2.10 中，部分成果分别填写至表 2.2.5—表 2.2.9 中。

表 2.2.5　元件和材料清单

元件或材料名称	符号	型号	数量

表 2.2.6　I/O 分配表

输入			输出		
输入元件	作用	输入继电器	输出元件	作用	输出继电器

续表

输入			输出		
输入元件	作用	输入继电器	输出元件	作用	输出继电器

表 2.2.7　I/O 接线图

表 2.2.8   梯形图设计

| |
| |
| |
| |
| |
| |

表 2.2.9   调试方案设计

序号	操作步骤	预计出现结果

表 2.2.10 过程记录

问题	解决方法或思路

【评价反馈】

评分标准见表 2.2.11。

表 2.2.11 评分标准

评价内容		配分	考核点	评分细则
职业基本素养（20分）	作业前期准备	10分	写出作业前准备工作： 1. 正确着装，穿戴劳动防护用品； 2. 正确检查工作现场的电源位置与状态，确保操作的安全性； 3. 正确清点操作所需仪表、工具、元器件的数量，并检查其状态符合作业要求。	1. 未按要求写出着装要求，扣 3 分； 2. 未按要求写出清点工具、仪表等，每项扣 1 分； 3. 未按要求写出工具摆放整齐，扣 3 分。
	6S规范	10分	写出 6S 规范： 1. 作业全程正确使用和摆放工器具、仪表、元器件，不出现使用及摆放不当造成的器具损坏； 2. 作业过程中无不文明行为，独立完成考核内容，能进行合理沟通与交流，正确应对突发事件； 3. 具有安全用电意识，操作符合安全规程要求； 4. 合理、正确选取材料，不造成材料浪费； 5. 作业结束后清理工器具、打扫工作现场。	1. 未按要求写出操作过程中摆放工具、仪表，杂物等，扣 5 分； 2. 未按要求写出完成任务后清理工位，扣 5 分； 3. 未按要求写出，换线断电，损坏设备，考试成绩为 0 分。

续表

评价内容		配分	考核点	评分细则
专业知识与技能（80分）	地址分配	20分	I/O 的选择符合题目控制要求。	I/O 未按题目要求设置,每处扣 2 分。
	控制程序输入	20分	1. 熟练操作编程软件,将设计的程序正确输入计算机,写入 PLC; 2. 发现错误的输入点,能够进行更正。	1. 不会熟练操作软件输入程序,扣 10 分; 2. 不会进行程序删除、插入、修改等操作,每项扣 2 分; 3. 不会联机下载调试程序,扣 10 分。
	硬件接线	20分	熟练地按照硬件接线图接线。	无法按系统接线图正确安装,扣 20 分。
	功能调试	20分	1. 正确分析、处理调试中遇到的软、硬件故障,并能优化程序; 2. 正确记录程序运行、调试过程中的各种参数,以及故障现象,处理过程等。	1. 不能按控制要求调试系统,扣 10 分; 2. 不能达到控制要求,每处扣 5 分; 3. 调试时造成元件损坏或者熔断器熔断,每次扣 10 分。

组员任务量见表 2.2.12。

表 2.2.12　组员任务量

姓名	完成的工作	加权系数(教师给定)

评分见表 2.2.13。

表 2.2.13　评分

小组得分	(填组员姓名)得分	(　　)得分	(　　)得分	(　　)得分

【相关知识点】

七段显示译码指令

课件 PPT 七段显示译码指令

2.2.1　数码管显示

数码管是工控系统中最常用的显示装置,其具体电路与显示原理有关。当 PLC 的每一个输出点控制数码管的一个笔画时,用 7 个输出点就可以控制数码管的数字显示。数码管有共阳极和共阴极两种接法,采用共阳极接法时,数码管与 PLC 的输出接线如图 2.2.2 所示。

若要使数码管正常显示,可以采用驱动各输出完成,也可采用七段显示译码指令 SEG 完成。

2.2.2　七段显示译码指令

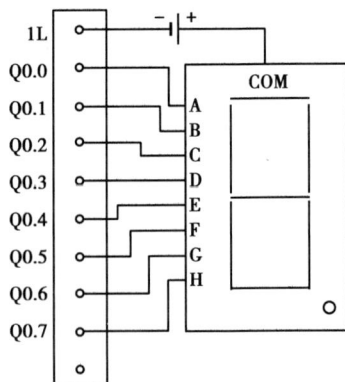

图 2.2.2　数码管与 PLC 输出接线图

七段显示器的 A—G 段分别对应字节的第 0 位—第 6 位,字节的某位为 1 时,其对应的段亮;字节的某位为 0 时,其对应的段暗。将字节的第 7 位补 0,则构成七段显示字母 A—F 与七段显示码的对应如图 2.2.3 所示。

IN	段显示	（OUT） – g f e　d c b a	IN	段显示	（OUT） – g f e　d c b a
0		0 0 1 1　1 1 1 1	8		0 1 1 1　1 1 1 1
1		0 0 0 0　0 1 1 0	9		0 1 1 0　0 1 1 1
2		0 1 0 1　1 0 1 1	A		0 1 1 1　0 1 1 1
3		0 1 0 0　1 1 1 1	B		0 1 1 1　1 1 0 0
4		0 1 1 0　0 1 1 0	C		0 0 1 1　1 0 0 1
5		0 1 1 0　1 1 0 1	D		0 1 0 1　1 1 1 0
6		0 1 1 1　1 1 0 1	E		0 1 1 1　1 0 0 1
7		0 0 0 0　0 1 1 1	F		0 1 1 1　0 0 0 1

图 2.2.3　与七段显示码对应的代码

七段译码指令 SEG 将输入字节 16#0—F 转换成七段显示码。指令格式见表 2.2.14。

表 2.2.14　七段译码指令

梯形图符号	指令格式	功能及操作数
SEG EN ENO ???? — IN　OUT — ????	SEGIN,OUT	功能:根据输入字节(IN)的低 4 位确定的十六进制数(16#0—F),产生相应的七段显示码,送入输出字节 OUT IN:VB,IB,QB,MB,SB,SMB,LB,AC,常数 OUT:VB,IB,QB,MB,SMB,LB,AC IN/OUT 的数据类型:字节

七段显示程序如图 2.2.4 所示。程序运行结果为 AC1 中的值为 16#3F(2#00111111)。

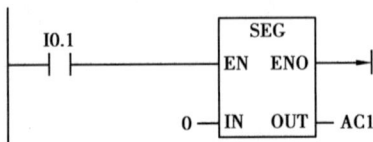

图 2.2.4　七段显示程序

项目3　基于顺序功能图的电力设备材料智能检储配控制系统

任务3.1　电力物资智能仓储传送带控制系统安装与调试

【任务情境描述】

智能仓储系统是运用软件技术、互联网技术、自动分拣技术、光导技术、射频识别（RFID）、声控技术等先进的科技手段和设备对物品的进出库、存储、分拣、包装、配送及其信息进行有效的计划、执行和控制的物流活动。它主要包括识别系统、搬运系统、储存系统、分拣系统以及管理系统。

智能自动化仓储一般是由传送带、自动化立体仓库、立体货架、有轨巷道堆垛机、高速分拣系统、出入库输送系统、物流机器人系统、信息识别系统、自动控制系统、计算机监控系统、计算机管理系统以及其他辅助设备组成。

本任务主要针对电力物资智能仓储传送带控制系统进行设计及调试，实现物料的输送，如图3.1.1所示。

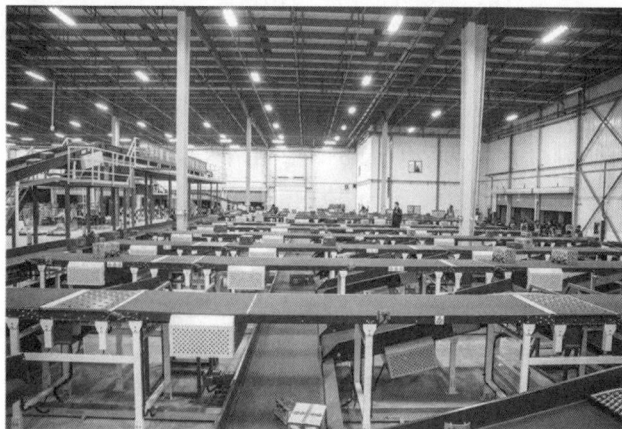

图3.1.1　智能仓储传送带

【学习目标】

知识要求：

1. 能说明顺序功能图的基本结构与分类；

2. 能描述单序列顺序功能图的设计思路；

3. 能说明顺序控制继电器指令编程法；

4. 能说明传送带控制系统硬件安装方法；

5. 能解释传送带控制系统仿真调试过程。

能力要求：

1. 能分析单序列顺序功能图控制过程；

2. 能绘制单序列顺序功能图；

3. 能利用顺序控制继电器指令编程法完成单序列顺序功能图与梯形图间的转换。

素质要求：

1. 培养学生的自主学习能力；

2. 培养学生的安全意识；

3. 培养学生的劳动意识和劳动习惯；

4. 培养学生的创新创业意识；

5. 培养学生获取分析信息，提出问题、分析问题的能力。

【任务书】

任务名称：电力物资智能仓储传送带控制系统安装与调试。

任务内容：

本任务以电力物资智能仓储传送带为载体，实现智能仓储物料运输。具体要求如下：

①按下启动按钮传送带能开始进行物料运输。

②利用顺序功能图进行智能仓储传送带的控制系统设计。

③进行三级传送带的设计，物料传送至传送带末端时自动停下，中途按下停止按钮能随时停止运输。

任务清单见表 3.1.1。

表 3.1.1　任务清单

任务内容	任务要求	验收方式
完成电气接线原理图	符合电气接线原理图绘图原则及标准规定	材料提交

任务内容	任务要求	验收方式
根据电气接线原理图完成电路配线	符合《电气装置安装工程盘、柜及二次回路接线施工及验收规范》等相关标准	成果展示
完成 PLC 程序设计及变频器参数设计,实现任务功能性要求	实现任务功能性要求	成果展示
完成设计说明书、产品使用说明书	结构清晰,内容完整,文字简洁、规范,图片清楚、规范	材料提交

【任务分组】

任务分配表见表 3.1.2。

表 3.1.2　学生任务分配表

班级		组号		指导老师	
组长		学号			
组员 1		学号			
组员 2		学号			

任务分工:

设计任务	主要内容	分工

【获取信息】

引导问题 1:分析智能仓储传送带的控制过程,提取传送带运输的控制环节。

_____

_____

_____

引导问题 2：试设计电动机顺序控制回路（图 3.1.2），并说明工作原理。

顺序功能图的组成　　课件 PPT 顺序控制设计和顺序功能图

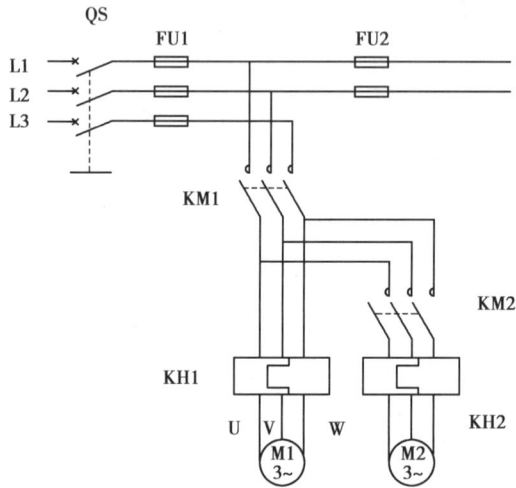

图 3.1.2　顺序控制回路图

引导问题 3：顺序功能图的基本结构有哪些？

引导问题 4：试使用 SCR 语句完成如图 3.1.3 所示的梯形图解析。

顺序功能图的基本结构　　课件 PPT 顺序功能图的基本结构

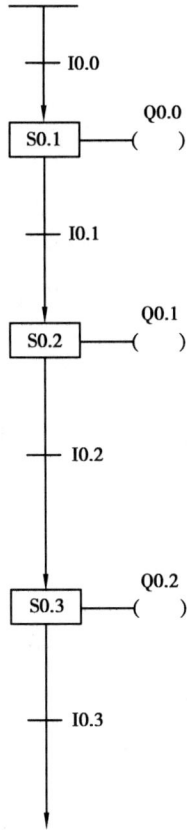

图 3.1.3　单序列顺序功能图

基于 SCR 的梯形图：

【制订计划】

1. 预订计划

学生思考任务方案，并在表 3.1.3 中用适当的方式予以表达。

表 3.1.3　计划制订工作单（成员使用）

1.任务解决方案
建议从不同功能要求分别描述解决方案。
_____

2.任务涉及设备信息、使用工具、材料列表	
需要的电气装置、电气元件等	
需要的工具	
需要的材料	

2. 确定计划

请根据小组讨论及教师引导选择决策方式。小组根据检查、讨论确定计划，并在表 3.1.4 中用适当的方式予以表达。

表 3.1.4　计划决策工作单（小组决策使用）

1.小组讨论决策
负责人：_____讨论发言人：_____
决策结论及方案变更：

2. 小组互换决策

优点	缺点	综合评价 （A、B、C、D）	签名

3. 人员分工与进度安排

内容	人员	时间安排	备注

【实施计划】

按照确定的计划进行电路设计、元器件选择、配线、PLC 程序设计与调试等工作，并将实施的主要流程环节，每个流程中遇到问题及完成时间填写至表 3.1.10 中，部分成果分别填写至表 3.1.5—表 3.1.9 中。

表 3.1.5　元件和材料清单

元件或材料名称	符号	型号	数量

表 3.1.6　I/O 分配表

输入			输出		
输入元件	作用	输入继电器	输出元件	作用	输出继电器

续表

输入			输出		
输入元件	作用	输入继电器	输出元件	作用	输出继电器

表 3.1.7 I/O 接线图

表3.1.8　顺序功能图设计

表3.1.9　调试方案设计

序号	操作步骤	预计出现结果

表 3.1.10　过程记录

问题	解决方法或思路

【评价反馈】

评分标准见表 3.1.11。

表 3.1.11　评分标准

评价内容		配分	考核点	评分细则
职业基本素养（20分）	作业前期准备	10 分	写出作业前准备工作： 1. 正确着装,穿戴劳动防护用品; 2. 正确检查工作现场的电源位置与状态,确保操作的安全性; 3. 正确清点操作所需仪表、工具、元器件的数量,并检查其状态符合作业要求。	1. 未按要求写出着装要求,扣3分; 2. 未按要求写出清点工具、仪表等,每项扣1分; 3. 未按要求写出工具摆放整齐,扣3分。
	6S规范	10 分	写出 6S 规范： 1. 作业全程正确使用和摆放工器具、仪表、元器件,不出现使用及摆放不当造成的器具损坏; 2. 作业过程中无不文明行为,独立完成考核内容,能进行合理沟通与交流,正确应对突发事件; 3. 具有安全用电意识,操作符合安全规程要求; 4. 合理、正确选取材料,不造成材料浪费; 5. 作业结束后清理工器具、打扫工作现场。	1. 未按要求写出操作过程中摆放工具、仪表,杂物等,扣5分; 2. 未按要求写出完成任务后清理工位,扣5分; 3. 未按要求写出换线断电、损坏设备,考试成绩为0分。

续表

评价内容		配分	考核点	评分细则
专业知识与技能（80分）	地址分配	20分	I/O的选择符合题目控制要求。	I/O未按题目要求设置,每处扣2分。
	控制程序输入	20分	1. 熟练操作编程软件,将设计的程序正确输入计算机,写入PLC; 2. 发现错误的输入点,能够进行更正。	1. 不会熟练操作软件输入程序,扣10分; 2. 不会进行程序删除、插入、修改等操作,每项扣2分; 3. 不会联机下载调试程序,扣10分。
	硬件接线	20分	熟练地按照硬件接线图接线。	无法按系统接线图正确安装,扣20分。
	功能调试	20分	1. 正确分析、处理调试中遇到的软、硬件故障,并能优化程序; 2. 正确记录程序运行、调试过程中的各种参数,以及故障现象,处理过程等。	1. 不能按控制要求调试系统,扣10分; 2. 不能达到控制要求,每处扣5分; 3. 调试时造成元件损坏或者熔断器熔断,每次扣10分。

组员任务量见表3.1.12。

表3.1.12　组员任务量

姓名	完成的工作	加权系数(教师给定)

评分见表3.1.13。

表3.1.13　评分

小组得分	(填组员姓名)得分	(　　　)得分	(　　　)得分	(　　　)得分

SCR 等指令　　　　课件 PPT SCR 等指令

【相关知识点】

3.1.1　传送和比较指令及应用

STEP7 提供了丰富的传送和比较指令,可以满足用户的多种需要。

传送指令用于机内数据的流转与生成,可用于存储单元的清零、数据准备及初始化等场合。表 3.1.14 列出了字节传送指令(MOVB)、字传送指令(MOVW)、双字传送指令(MOVD)和实数传送指令(MOVR)。这些指令在不改变原值的情况下将 IN 输入的值传送至 OUT。

表 3.1.14　字节、字、双字、实数传送指令

类型	字节传送	字传送	双字传送	实数传送
梯形图符号	MOV_B —EN　ENO— —IN　OUT—	MOV_W —EN　ENO— —IN　OUT—	MOV_DW —EN　ENO— —IN　OUT—	MOV_R —EN　ENO— —IN　OUT—
指令格式	MOVB IN,OUT	MOVW IN,OUT	MOVD IN,OUT	MOVR IN,OUT
操作数的含义及范围	IN:IB、QB、VB、MB、SMB、SB、LB、AC、*VD、*AC、*LD 常数 OUT:QB、VB、MB、SMB、SB、LB、AC、*VD、*AC、*LD	IN:IW、QW、VW、MW、SMW、SW、T、C、LW、AIW、AC、*VD、*AC、*LD、常数 OUT:IW、QW、VM、MW、SW、SMW、T、C、LW、AC、AQW、*VD、*AC、*LD	IN:ID、QD、VD、MD、SMD、SD、LD、AC、HC、&VB、&IB、&QB、&MB、&SB、&T、&C、*VD、*AC、*LD、常数 OUT:VD、ID、QD、MD、SMD、SD、LD、AC、*CD、*AC、*LD	IN:VD、ID、QD、MD、SD、SMD、LD、AC、常数、*VD、*AC、*LD OUT:VD、ID、QD、MD、SD、SMD、LD、AC、*VD、*AC、*LD

以上 4 种指令为传送单个数据的指令,另外还有一次性多个连续字块的传送指令。针对快速数据传递(不刷新过程映像寄存器),S7-200 PLC 还设有字节立即读写指令。

比较指令含数值比较及字符串比较。数值比较指令用于比较两个数值,字符串比较指令用于比较两个 ASCII 字符串的编码字符。比较指令在程序中用于建立控制节点。

数值比较含 IN1 = IN2,1N1 >= IN2,IN1 <= IN2,IN1 > IN2,IN < IN2,IN1 <> IN2 6 种情况。被比较的数据可以是字节、整数、双字及实数。其中,字节比较是无符号的,整数、双字、实数的比较是有符号的。

　　比较指令以触点形式出现在梯形图及指令表中,有"LD""A""O"3 种基本形式。对梯形图指令,当比较结果为真时,指令使触点接通;对语句表指令,当比较结果为真时,将栈顶值置 1。

　　表 3.1.15 为字节比较指令的表达形式及操作数,整数、双字及实数比较指令未列出。

表 3.1.15　字节比较指令

触点基本类型	从母线取用比较触点	串联比较触点	并联比较触点
（以字节比较为例） ┤ ==B ├ ┤ <>B ├ ┤ >=B ├ ┤ <=B ├ ┤ >B ├ ┤ <B ├	LDB = 　IN1,IN2 　　　　　IN1 　┤ ==B ├ 　　　　　IN2	LD BIT AB = IN1,IN2 　　N　　IN1 ┤├─┤ ==B ├ 　　　　　IN2	LD BIT OB = IN1,IN2 　　　N ┤├──────├ 　　　IN1 　┤ ==B ├ 　　　IN2
	LDB = ,LDB < LDB > ,LDB <> LDB <= ,LDB >=	AB = ,AB < AB > ,AB <> AB <= ,AB >=	OB = ,OB < OB > ,OB <> OB <= ,OB >=
操作数的含义及范围	IN1、IN2:(BYTE)IB、QB、VB、MB、SMB、SB、LB、AC、*VD、*LD、*AC、常数 IN1、IN2:(INT)VW、IW、QW、MW、SW、SMW、LW、AIW、T、C、AC、*VD、*AC、*LD、常数 IN1、IN2:(DINT)ID、QD、VD、MD、SMD、SD、LD、AC、*VD、*LD、*AC、HC、常数 IN1、IN2:(REAL)ID、QD、VD、MD、SMD、SD、LD、AC、*VD、*LD、*AC、常数 OUT:(BOOL)I、Q、V、M、SM、S、T、C、L、能流

　　如图 3.1.4 所示为传送指令和比较指令应用的例子。程序中比较触点为传送的条件,条件满足时传送指令完成数据的传送工作。

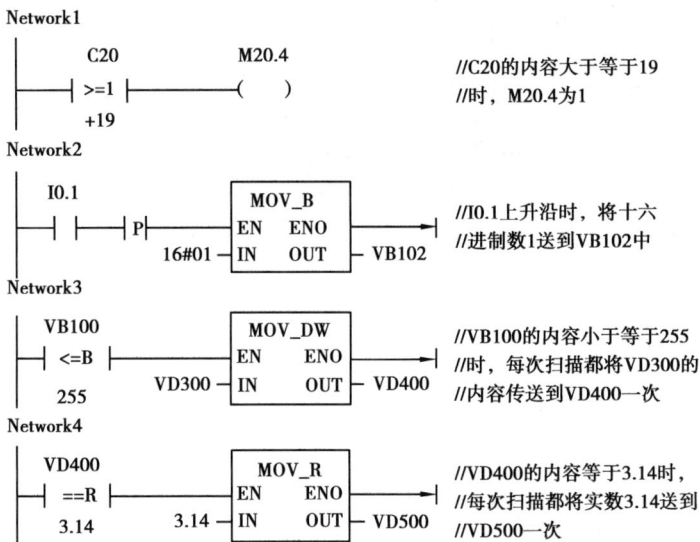

图 3.1.4　传送指令和比较指令应用实例

3.1.2　顺序控制继电器存储元件

顺序控制继电器位(S)用于组织机器操作或者进入等效程序段的步骤。顺序控制继电器指令(SCR)提供控制程序的逻辑分段,可以按位、字节、字或双字来存取 S 位。

位:S[字节地址].[位地址],如 S3.1。

3.1.3　顺序控制继电器指令

顺序控制继电器指令又称 SCR,S7-200 系列 PLC 有 3 条顺控继电器指令,指令格式和功能描述见表 3.1.16。

表 3.1.16　顺控继电器指令

梯形图符号	指令格式	功能
┤ SCR │ n	LSCR,n	装载顺控继电器指令,将 S 位的值装载到 SCR 和逻辑堆栈中,实际上是步指令的开始
n ─(SCRT)	SCRT,n	使当前激活的 S 位复位,使下一个将要执行的程序段 S 置位,实际上是步转移指令
├─(SCRE)	SCRE	退出一个激活的程序段,实际上是步指令的结束

顺控继电器指令编程时应注意:

①不能把 S 位用于不同的程序中,如 S2.0 已经在主程序中使用了,就不能在子程序中重复使用。

②顺控继电器指令 SCR 只对状态元件 S 有效。

③不能在 SCR 段中使用 FOR、NEXT 和 END 指令。

④在 SCR 之间不能有跳入和跳出,也就是不能使用 JMP 和 LBL 指令。但注意,可以在 SCR 程序段附近和 SCR 程序段内使用跳转指令。

3.1.4　功能图(SFC)

1)功能图的画法

功能图(SFC)是描述控制系统的控制过程、功能和特征的一种图解表示方法,它具有简单、直观等特点,不涉及控制功能的具体技术,是一种通用的语言,也是 IEC(国际电工委员会)首选的编程语言,近年来在 PLC 的编程中得到了普及与推广。

功能图的基本思想是:设计者按照生产要求,将被控设备的一个工作周期划分成若干个工作阶段(简称"步"),并明确表示每一步执行的输出,"步"与"步"之间通过设定的条件进行转换。在程序中,只要通过正确连接进行"步"与"步"之间的转换,就可以完成被控设备的全部动作。

PLC 执行功能图程序的基本过程是:根据转换条件选择工作"步",进行"步"的逻辑处理。组成功能图程序的基本要素是步、转换条件和有向连线。

①步。一个顺序控制过程可分为若干个阶段,也称为步或状态。系统初始状态对应的步称为初始步,初始步一般用双线框表示。在每一步中施控系统要发出某些"命令",而被控系统要完成某些"动作","命令"和"动作"都称为动作。当系统处于某一工作阶段时,则该步处于激活状态,称为活动步。

②转换条件。使系统由当前步进入下一步的信号称为转换条件。顺序控制设计法用转换条件控制代表各步的编程元件,使它们的状态按一定的顺序变化,然后用代表各步的编程元件去控制输出。不同状态的"转换条件"可以不同,也可以相同,当"转换条件"各不相同时,在功能图程序中每次只能选择其中一种工作状态(称为"选择序列");当"转换条件"都相同时,在功能图程序中每次可以选择多个工作状态(称为"并列序列")。只有满足条件状态,才能进行逻辑处理与输出。"转换条件"是功能图程序选择工作状态(步)的"开关"。

③有向连线。步与步之间的连接线就是"有向连线","有向连线"决定了状态的转换方向与转换途径。有向连线上有短线,表示转换条件。当条件满足时,转换得以实现,即上一步的动作结束而下一步的动作开始,不会出现动作重叠。步与步之间必须要有转换条件。

图 3.1.5 所示中的 S0.1 若为初始步,则应绘制双线框。S0.1 和 S0.2 是步名,T38 和 T39 为转换条件,Q0.1 和 Q0.2 为动作。当 S0.1 有效时,输出指令驱动 Q0.1。步与步之间的连线即为有向连线,它的箭头省略未画。

2)功能图的结构分类

根据步与步之间的进展情况,功能图分为以下 3 种结构,如图 3.1.5 所示。

①单一顺序。单一顺序动作是一个接一个地完成,完成的各步中只连接一个转移,每个转移只连接一个步,如图 3.1.5(a)所示。

②选择顺序。选择顺序是指某一步后有若干个单一顺序等待选择(每个单一顺序称为一个分支),一般只允许选择进入一个顺序,转换条件只能标在水平线之下。选择顺序的结束称为合并,用一条水平线表示,水平线以下不允许有转换条件,如图 3.1.5(b)所示。

③并行顺序。并行顺序是指在某一转换条件下同时启动若干个顺序,也就是说,转换条件的实现导致几个分支同时激活。并行顺序的开始和结束都用双水平线表示,如图 3.1.5(c)所示。

3)功能图设计的注意要点

①状态之间要有转换条件。状态之间缺少"转换条件"是不正确的,必要时转换条件可以简化。

②转换条件之间不能有分支。

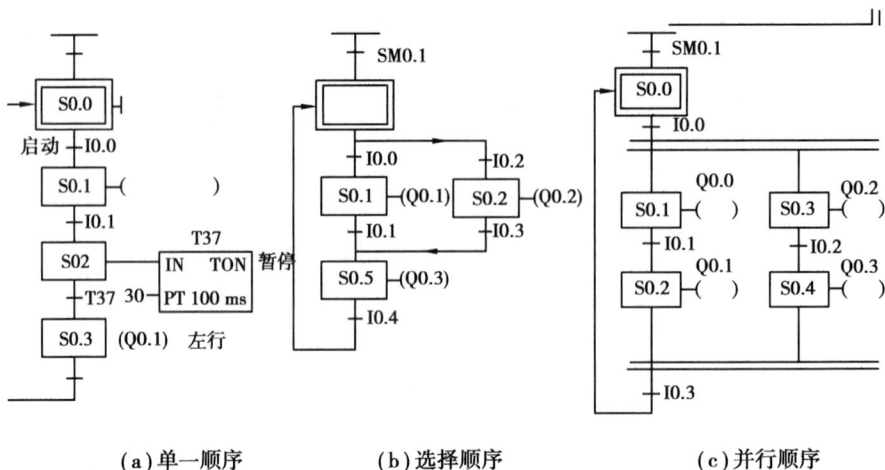

（a）单一顺序　　　　　（b）选择顺序　　　　　（c）并行顺序

图 3.1.5　功能图结构分类

③顺序功能图中的初始步对应于系统等待启动的初始状态,初始步是必不可少的。

④顺序功能图中一般应有由步和有向连线组成的闭环。

任务 3.2　电力物资智能仓储自动入库系统安装与调试

【任务情境描述】

智能仓储系统是运用软件技术、互联网技术、自动分拣技术、光导技术、射频识别（RFID）、声控技术等先进的科技手段和设备对物品的进出库、存储、分拣、包装、配送及其信息进行有效的计划、执行和控制的物流活动。它主要包括识别系统、搬运系统、储存系统、分拣系统以及管理系统。

图 3.2.1　电力物资智能仓储图

仓储控制系统（WCS）位于仓储管理系统（WMS）与物流设备之间的中间层,负责协调、调度底层的各种物流设备,使底层物流设备可以执行仓储系统的业务流程,并且这个过程完全是按照程序预先设定的流程执行,是保证整个物流仓储系统正常运转的核心系统。

本任务主要针对电力物资智能仓储传送带控制系统进行设计及调试,实现物料的输送。

【任务目标】

知识要求：

1. 能说明移位寄存器指令编程法；

2. 能说明比较指令编程法；

3. 能说明子程序的编写与调用方法；

4. 能描述子程序指令的格式。

能力要求：

1. 能对比分析 4 种顺序控制编程方法；

2. 能利用移位寄存器指令编程法完成顺序功能图与梯形图间的转换；

3. 能利用比较指令编程法完成顺序功能图与梯形图间的转换。

素质要求：

1. 能配合团队工作，和团队成员进行良好协作；

2. 诚信友善，具备基本职业道德素养；

3. 能细心按照标准化作业流程进行作业，具备创新意识；

4. 能严格按照企业行为规范和职业道德要求开展工作，有精益求精的工作态度和安全规范操作的意识。

【任务书】

任务名称：电力物资智能仓储自动入库系统安装与调试。

任务内容：

本任务以电力物资智能仓储为载体，实现物料的精准入库。具体要求如下：

①按下启动按钮剁机能精准将物料送至预定货架。

②按下停止按钮能够停止运输。

任务清单见表 3.2.1。

表 3.2.1　任务清单

任务内容	任务要求	验收方式
完成电气接线原理图	符合电气接线原理图绘图原则及标准规定。	材料提交
根据电气接线原理图完成电路配线	符合《电气装置安装工程盘、柜及二次回路接线施工及验收规范》等相关标准。	成果展示

续表

任务内容	任务要求	验收方式
完成 PLC 程序设计及变频器参数设计,实现任务功能性要求	实现任务功能性要求。	成果展示
完成设计说明书、产品使用说明书	结构清晰,内容完整,文字简洁、规范,图片清楚、规范。	材料提交

【任务分组】

任务分配表见表 3.2.2。

表 3.2.2　学生任务分配表

班级		组号		指导老师	
组长		学号			
组员 1		学号			
组员 2		学号			

任务分工:

设计任务	主要内容	分　工

【制订计划】

1. 预订计划

学生思考任务方案,并在表 3.2.3 中用适当的方式予以表达。

表 3.2.3　计划制订工作单（成员使用）

1. 任务解决方案

建议从不同功能要求分别描述解决方案。

2. 任务涉及设备信息、使用工具、材料列表

需要的电气装置、电气元件等	
需要的工具	
需要的材料	

2. 确定计划

请根据小组讨论及教师引导选择决策方式。小组根据检查、讨论确定计划，并在表 3.2.4 中用适当的方式予以表达。

表 3.2.4　计划决策工作单（小组决策使用）

1. 小组讨论决策

负责人：＿＿＿＿＿讨论发言人：＿＿＿＿＿＿＿＿＿＿＿

决策结论及方案变更：

2. 小组互换决策

优点	缺点	综合评价（A、B、C、D）	签名

续表

3.人员分工与进度安排			
内容	人员	时间安排	备注

【实施计划】

按照确定的计划进行电路设计、元器件选择、配线、PLC 程序设计与调试等工作,并将实施的主要流程环节,每个流程中遇到问题及完成时间填写至表 3.2.10 中,部分成果分别填写至表 3.2.5—表 3.2.9 中。

表 3.2.5 元件和材料清单

元件或材料名称	符号	型号	数量

表 3.2.6 I/O 分配表

输入			输出		
输入元件	作用	输入继电器	输出元件	作用	输出继电器

续表

输入			输出		
输入元件	作用	输入继电器	输出元件	作用	输出继电器

表 3.2.7　I/O 接线图

表 3.2.8　梯形图设计

表 3.2.9　调试方案设计

序号	操作步骤	预计出现结果

表 3.2.10　过程记录

问题	解决方法或思路

【评价反馈】

评分标准见表 3.2.11。

表 3.2.11　评分标准

评价内容		配分	考核点	评分细则
职业基本素养（20分）	作业前期准备	10分	写出作业前准备工作： 1. 正确着装,穿戴劳动防护用品; 2. 正确检查工作现场的电源位置与状态,确保操作的安全性; 3. 正确清点操作所需仪表、工具、元器件的数量,并检查其状态符合作业要求。	1. 未按要求写出着装要求,扣3分; 2. 未按要求写出清点工具、仪表等,每项扣1分; 3. 未按要求写出工具摆放整齐,扣3分。
	6S规范	10分	写出6S规范： 1. 作业全程正确使用和摆放工器具、仪表、元器件,不出现使用及摆放不当造成的器具损坏; 2. 作业过程中无不文明行为,独立完成考核内容,能进行合理沟通与交流,正确应对突发事件; 3. 具有安全用电意识,操作符合安全规程要求; 4. 合理、正确选取材料,不造成材料浪费; 5. 作业结束后清理工器具、打扫工作现场。	1. 未按要求写出操作过程中摆放工具、仪表,杂物等,扣5分; 2. 未按要求写出完成任务后清理工位,扣5分; 3. 未按要求写出,换线断电,损坏设备,考试成绩为0分。
专业知识与技能（80分）	地址分配	20分	I/O 的选择符合题目控制要求。	I/O 未按题目要求设置,每处扣2分。
	控制程序输入	20分	1. 熟练操作编程软件,将设计的程序正确输入计算机,写入 PLC; 2. 发现错误的输入点,能够进行更正。	1. 不会熟练操作软件输入程序,扣10分; 2. 不会进行程序删除、插入、修改等操作,每项扣2分; 3. 不会联机下载调试程序,扣10分。
	硬件接线	20分	熟练地按照硬件接线图接线。	无法按系统接线图正确安装,扣20分。
	功能调试	20分	1. 正确分析、处理调试中遇到的软、硬件故障,并能优化程序; 2. 正确记录程序运行、调试过程中的各种参数,以及故障现象,处理过程等。	1. 不能按控制要求调试系统,扣10分; 2. 不能达到控制要求,每处扣5分; 3. 调试时造成元件损坏或者熔断器熔断,每次扣10分。

组员任务量见表 3.2.12。

表 3.2.12　组员任务量

姓名	完成的工作	加权系数（教师给定）

评分见表 3.2.13。

表 3.2.13　评分

小组得分	（填组员姓名)得分	（　　）得分	（　　）得分	（　　）得分

【相关知识点】

3.2.1　译码和编码指令

译码和编码指令的格式和功能见表 3.2.14。

表 3.2.14　译码和编码指令的格式和功能

梯形图符号	DECO EN ENO ???? IN OUT ????	ENCO EN ENO ???? IN OUT ????
操作数及数据类型	IN:VB,IB,QB,MB,SMB,LB,SB,AC,常数。数据类型:字节 OUT:VW,IW,QW,MW,SMW,LW,SW,AQW,T,C,AC。数据类型:字	IN:VW,IW,QW,MW,SMW,LW,SW,AIW,T,C,AC,常数。数据类型:字 OUT:VB,IB,QB,MB,SMB,LB,SB,AC。数据类型:字节
功能及说明	译码指令根据输入字节(IN)的低4位表示的输出字的位号,将输出字的相对应的位,置位为1,输出字的其他位均置位为0	编码指令将输入字(IN)最低有效位(其值为1)的位号写入输出字节(OUT)的低4位

译码编码指令应用举例如图 3.2.2 所示。

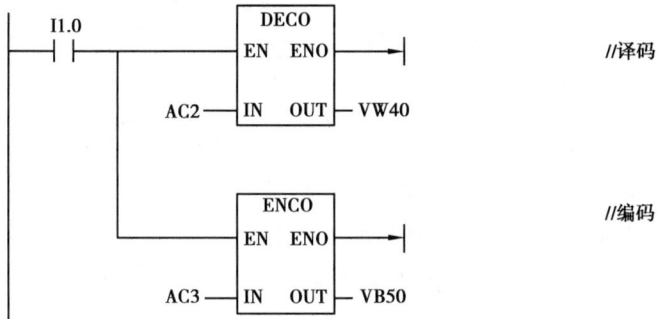

图 3.2.2　译码编码指令应用举例

若(AC2) = 2,执行译码指令,将输出字 VW40 的第二位置 1,VW40 中的二进制数为 2#0000000000000100;若(AC3) = 2#0000000000000100,执行编码指令,输出字节 VB50 = 2。

3.2.2　选择序列的程序设计

选择序列是指在某一步后有若干个单序列等待选择,一次只能选择一个序列进入,如图 3.2.3 所示。选择序列的开始部分称为分支,转换符号只能标在选择序列开始的水平线之下,如图 3.2.3(b)所示。如果步 3 是活动步,当转换条件 d 满足时,从步 3 进展为步 6。与之类似,步 3 也可以进展为步 4,但是一次只能选择一个序列。

选择序列的结束称为合并,如图 3.2.3(b)所示。几个选择序列合并到一个公共序列上时,用一条水平线和与需要重新组合的序列用数量相同的转换符号表示,转换符号只能标在结束水平线的上方。

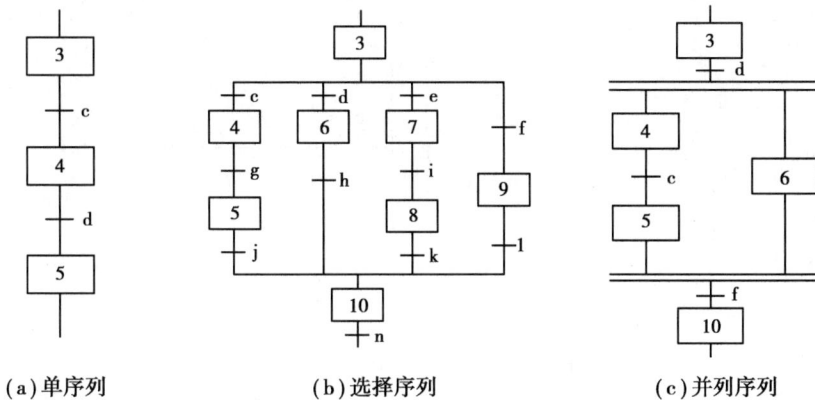

(a)单序列　　　　　(b)选择序列　　　　　(c)并列序列

图 3.2.3　单序列、选择序列和并列序列

对具有选择分支的顺序功能图,使用顺序控制指令进行编程的方法与单序列的编程方法基本一致。

3.2.3 用基本指令实现分支程序设计

1)启-保-停电路的编程方法

选择序列和并行序列编程的关键在于对它们的分支和合并处理,转换实现的基本规则是设计复杂顺控系统梯形图的基本规则。如图 3.2.4 所示是一个自动门控制系统的顺序功能图,图 3.2.4 是对应的梯形图。以此为例讲解选择序列的编程方法。

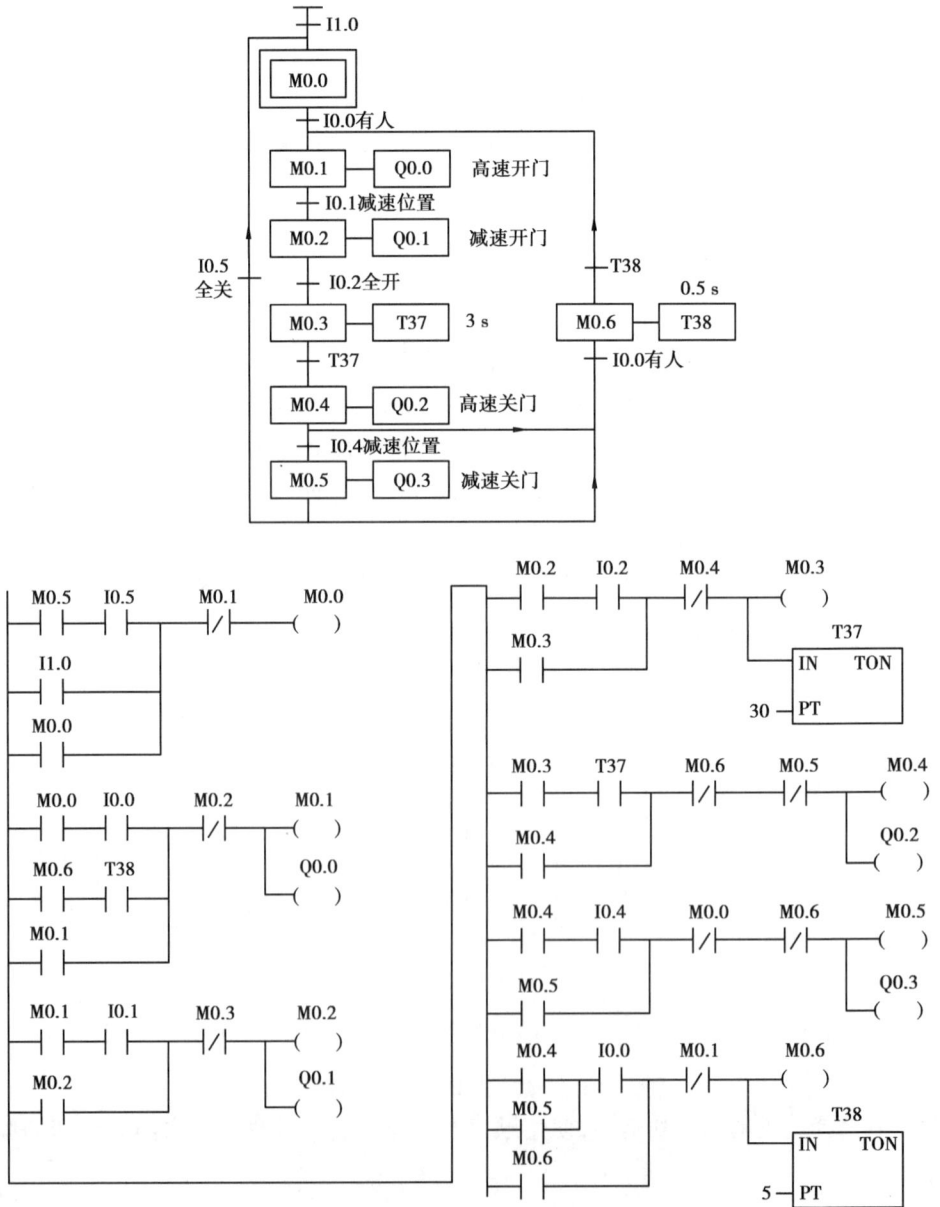

图 3.2.4 自动门控制系统的梯形图

①选择序列分支的编程方法。如果某一步的后面有一个由 N 条分支组成的选择序列，该步可能转到不同的 N 个步，应将这 N 个后续步对应的代表步的存储器位的常闭触点与该步的线圈串联，作为结束该步的条件。图 3.2.4 所示中的 M0.4 和 M0.5 就是这样的情况。

②选择序列合并的编程方法。对选择序列的合并，如果某一步之前有 N 个转换（即有 N 条分支在该步之前合并后进入该步），则代表该步的存储器位的启动电路由 N 条支路并联而成，各支路由某一前级步对应的存储器位的常开触点与相应转换条件对应的触点或电路串联而成。图 3.2.4 所示中的 M0.0 和 M0.1 就是这种情况。

2）使用置位/复位（S/R）指令的编程方法

几乎各种型号的 PLC 都有置位/复位（S/R）指令或相同功能的编程元件。能用逻辑指令实现的顺序功能控制同样也可以利用 S/R 指令实现。使用 S/R 以转换条件为中心的编程方法如下：

所谓以转换条件为中心，是指同一种转换在梯形图中只能出现一次，而对辅助存储器可重复进行置位、复位。在任何情况下，代表步的存储器位的控制电路都可以用这一方法设计，每一个转换对应一个这样的控制置位和复位的电路块，有多少个转换就有多少个这样的电路块。这种编程方法特别有规律，尤其是在设计复杂的顺序功能图的梯形图时，更能显示出它的优越性。相对而言，使用启-保-停电路的编程方法较为复杂，选择序列的分支与合并、并列序列的分支与合并都有单独的规则需要记忆。如图 3.2.5 所示给出了自动门控制系统在利用以转换为中心的编程方法时所得到的梯形图。

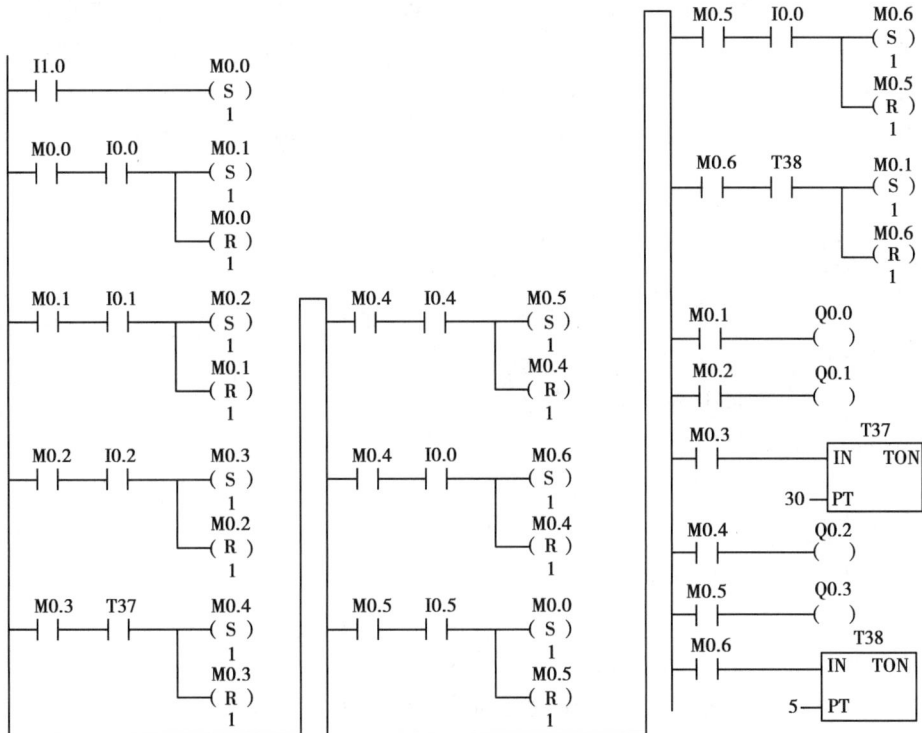

图 3.2.5　以转换为中心的自动门的梯形图

项目4　基于变频器控制的火电厂燃料添加系统

任务4.1　变频器调速控制电路的设计

【任务情境描述】

随着国家节能减排政策的不断加强和用户对降低能耗的需求不断提高,变频技术作为新技术、基础技术和节能技术,已经渗透经济领域的所有技术部门中,变频器市场以每年超过30%的速度快速增长。

变频技术的发展方向是高电压、大容量化、组件模块化、微型化、智能化和低成本化,多种适宜变频调速的新型电动机正在开发研制中。IT 技术的迅猛发展,以及控制理论不断创新,这些技术都将影响变频技术的发展趋势。

本任务主要针对变频器调速控制电路进行设计,实现电机的不同速段调速。

【任务目标】

知识要求:

1. 掌握西门子 MM420 变频器的结构;

2. 掌握西门子 MM420 的工作原理。

能力要求:

1. 能够学会使用变频器;

2. 能够设计变频器的 PLC 控制回路。

素质要求:

1. 能与小组成员协商、配合,共同完成本学习任务;

2. 能主动学习,在完成任务过程中发现问题,分析问题和解决问题;

3. 能严格按照企业行为规范和职业道德要求开展工作,有精益求精的工作态度和安全规范操作的意识。

【任务书】

任务名称:变频器调速控制电路的设计。

任务内容:

本任务以电机多速段调速为载体,实现电机的调速控制。具体要求如下:

①用 PLC 控制变频器输出 3 个速度,1 速 = 20 Hz,2 速 = 40 Hz,3 速 = 50 Hz,每个速度运转间隔 5 s,自动循环。一个启动按钮,一个停止按钮。有过载保护,电机启动、停止均有缓冲时间。

②用 PLC 控制变频器输出 7 个速度,1 速 = 29 Hz,2 速 = 15 Hz,3 速 = 55 Hz,4 速 = 33 Hz,5 速 = 45 Hz,6 速 = 50 Hz,7 速 = 23 Hz。每个速度运转间隔 5 s,自动循环。一个启动按钮,一个停止按钮。有过载保护,电机启动、停止均有缓冲时间。

任务清单见表 4.1.1。

表 4.1.1　任务清单

任务内容	任务要求	验收方式
完成 I/O 分配表、硬件接线图、参数设置表	符合图表设计的原则及标准	材料提交
根据硬件接线图完成实训台接线	符合接线标准	成果展示
完成 PLC 程序设计及变频器参数设置,实现任务功能要求	实现任务功能性要求	成果展示
完成设计说明书、产品使用说明书	结构清晰,内容完整,文字简洁、规范,图片清楚、规范	材料提交

【任务分组】

任务分配表见表 4.1.2。

表 4.1.2　学生任务分配表

班级		组号		指导老师	
组长		学号			
组员 1		学号			
组员 2		学号			

续表

任务分工:

设计任务	主要内容	分 工

【获取信息】

引导问题 1:如何进行变频器模块的通电? 如何将变频器模块与电机连接起来?

变频器模块与电机连接

_____

_____

引导问题 2:如何利用变频器实现电机的变速运行(两种方式)?

_____

_____

变频器实现电机的
变速运行

引导问题 3:分析电机调速的控制过程,思考如何将 PLC 模块与变频器模块连接在一起。

_____

_____

PLC 模块与变频器
模块连接

【制订计划】

1. 预订计划

学生思考任务方案,并在表 4.1.3 中用适当的方式予以表达。

表4.1.3 计划制订工作单(成员使用)

1. 任务解决方案

建议从不同功能要求分别描述解决方案。

_____

_____

_____

_____

_____

_____

2. 任务涉及设备信息、使用工具、材料列表

需要的电气装置、电气元件等	
需要的工具	
需要的材料	

2. 确定计划

请根据小组讨论及教师引导选择决策方式。小组根据检查、讨论确定计划,并在表4.1.4中用适当的方式予以表达。

表4.1.4 计划决策工作单(小组决策使用)

1. 小组讨论决策

负责人:_____讨论发言人:_____

决策结论及方案变更:

_____

_____

_____

_____

_____

_____

2. 小组互换决策

优点	缺点	综合评价 (A、B、C、D)	签名

续表

3. 人员分工与进度安排			
内容	人员	时间安排	备注

【实施计划】

按照确定的计划进行电路设计、元器件选择、配线、PLC 程序设计与调试等工作,并将实施的主要流程环节,每个流程中遇到问题及完成时间填写至表 4.1.11 中,部分成果分别填写至表 4.1.5—表 4.1.10 中。

表 4.1.5　元件和材料清单

元件或材料名称	符号	型号	数量

表 4.1.6　I/O 分配表

输入			输出		
输入元件	作用	输入继电器	输出元件	作用	输出继电器

续表

输入			输出		
输入元件	作用	输入继电器	输出元件	作用	输出继电器

表 4.1.7　**参数设置表**

参数号	参数名称	设定值	说明

表 4.1.8　**I/O 接线图**

表 4.1.9　梯形图设计

| |
| |
| |

表 4.1.10　调试方案设计

序号	操作步骤	预计出现结果

表 4.1.11　过程记录

问题	解决方法或思路

【评价反馈】

评分标准见表 4.1.12。

表4.1.12　评分标准

评价内容		配分	考核点	评分细则
职业基本素养（20分）	作业前期准备	10分	写出作业前准备工作： 1.正确着装，穿戴劳动防护用品； 2.正确检查工作现场的电源位置与状态，确保操作的安全性； 3.正确清点操作所需仪表、工具、元器件的数量，并检查其状态符合作业要求	1.未按要求写出着装要求，扣3分； 2.未按要求写出清点工具、仪表等，每项扣1分； 3.未按要求写出工具摆放整齐，扣3分
	6S规范	10分	写出6S规范： 1.作业全程正确使用和摆放工器具、仪表、元器件，不出现使用及摆放不当造成的器具损坏； 2.作业过程中无不文明行为，独立完成考核内容，能进行合理沟通与交流，正确应对突发事件； 3.具有安全用电意识，操作符合安全规程要求； 4.合理、正确选取材料，不造成材料浪费； 5.作业结束后清理工器具、打扫工作现场	1.未按要求写出操作过程中摆放工具、仪表，杂物等，扣5分； 2.未按要求写出完成任务后清理工位，扣5分； 3.未按要求写出，换线断电，损坏设备，考试成绩为0分
专业知识与技能（80分）	地址分配	20分	I/O的选择、变频器参数的设置符合题目控制要求	1.I/O未按题目要求设置，每处扣2分； 2.变频器参数未按题目要求设置，每处扣2分
	控制程序输入	20分	1.熟练操作编程软件，将设计的程序正确输入计算机，写入PLC； 2.发现错误的输入点，能够进行更正	1.不会熟练操作软件输入程序，扣10分； 2.不会进行程序删除、插入、修改等操作，每项扣2分； 3.不会联机下载调试程序，扣10分
	硬件接线	20分	熟练地按照硬件接线图接线	无法按系统接线图正确安装，扣20分
	功能调试	20分	1.正确分析、处理调试中遇到的软、硬件故障，并能优化程序； 2.正确记录程序运行、调试过程中的各种参数，以及故障现象，处理过程等	1.不能按控制要求调试系统，扣10分； 2.不能达到控制要求，每处扣5分； 3.调试时造成元件损坏或者熔断器熔断，每次扣10分

组员任务量见表4.1.13。

表4.1.13 组员任务量

姓名	完成的工作	加权系数(教师给定)

评分见表4.1.14。

表4.1.14 评分

小组得分	(填组员姓名)得分	( )得分	( )得分	( )得分

【相关知识点】

4.1.1 变频器基础知识

1)变频器的基本构成

变频器分为交-交和交-直-交两种形式。交-交变频器可将工频交流直接转换成频率、电压均可控制的交流;交-直-交变频器则是先把工频交流通过整流器转换成直流,再把直流转换成频率、电压均可控制的交流,其基本构成如图4.1.1所示。其电路主要由主电路(包括整流器、中间直流环节、逆变器)和控制电路组成。

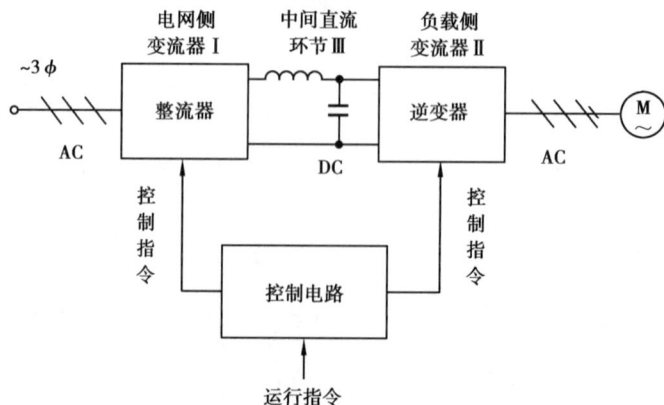

图4.1.1 交-直-交变频器的基本构成

整流器是将电网的交流整流成直流;逆变器是通过三相桥式逆变电路将直流转换成任意频率的三相交流;中间环节又称中间储能环节,变频器的负载一般为电动机,属于感性负载,运行中中间直流环节和电动机之间总会有无功功率交换,这种无功功率将由中间环节的储能元件(电容器或电抗器)来缓冲;控制电路主要是完成对逆变器的开关控制、对整流器的电压控制以及完成各种保护功能。

2)变频器的调速原理

三相异步电动机的转速公式为

$$n = n_0(1 - s) = \frac{60f}{p}(1 - s)$$

式中　n_0——同步转速;

　　　f——电源频率,Hz;

　　　p——电动机极对数;

　　　s——电动机转差率。

从公式可知,改变电源频率即可实现调速。

对异步电动机实行调速时,希望主磁通保持不变,若磁通太弱,铁芯利用不充分,转子电流的转矩减小,电动机的负载能力下降;若磁通太强,铁芯发热,波形变坏。如何实现磁通不变? 根据三相异步电动机定子每相电动势的有效值

$$E_1 = 4.44f_1N_1\Phi_m$$

式中　f_1——电动机定子频率,Hz;

　　　N_1——定子相绕组有效匝数;

　　　Φ_m——每极磁通量,Wb。

从公式可知,对 E_1 和 f_1 进行适当控制即可维持磁通量不变。

异步电动机的变频调速必须按照一定的规律同时改变其定子电压和频率,即必须通过变频器获得电压和频率均可调节的供电电源。

3)变频器的额定值和频率指标

(1)输入侧的额定值

输入侧的额定值主要是电压和相数。在我国的中小容量变频器中,输入电压的额定值有 380 V/50 Hz,(200～230)V/50 Hz 或(200～230)V/60 Hz。

(2)输出侧的额定值

①输出电压 U_N,由于变频器在变频的同时要变压,因此输出电压的额定值是指输出电压中的最大值。在大多数情况下,它就是输出频率等于电动机额定频率时的输出电压值。通常,输出电压的额定值总是和输入电压相等。

②输出电流小,是指允许长时间输出的最大电流,是用户在选择变频器时的主要依据。

③输出容量 S_N(kV·A),S_N 与 U_N、I_N 的关系为 $S_N = \sqrt{3}U_NI_N$。

④配用电动机容量 P_N(kW),变频器说明书中规定的配用电动机容量,仅适合于长期连续负载。

⑤过载能力,变频器的过载能力是指其输出电流超过额定电流的允许范围和时间。大

多数变频器都规定为 $150\% I_N$、60 s 和 $180\% I_N$ 和 0.5 s。

（3）频率指标

①频率范围，即变频器能够输出的最高频率 f_{max} 和最低频率 f_{min}。各种变频器规定的频率范围不一致，通常，最低工作频率为 0.1 ~ 1 Hz，最高工作频率为 120 ~ 650 Hz。

②频率精度，是指变频器输出频率的准确程度。在变频器使用说明书中规定的条件下，由变频器的实际输出频率与设定频率之间的最大误差与最高工作频率之比的百分数来表示。

③频率分辨率，是指输出频率的最小改变量，即每相邻两挡频率之间的最小差值。一般分模拟设定分辨率和数字设定分辨率两种。

4.1.2 西门子 MM420 变频器简介

西门子 MM420（MICROMASTER420）是用于控制三相交流电动机速度的变频器系列。该系列有多种型号，从单相电源电压、额定功率为 120 W 到三相电源电压、额定功率为 11 kW 可供用户选用。

水泵控制选用的 MM420 订货号为 6SE6420-2UD17-5AA1，额定参数如下：

①电源电压：(380 ~ 480)V，三相交流。

②额定输出功率：0.75 kW。

③额定输入电流：2.4 A。

④额定输出电流：2.1 A。

⑤外形尺寸：A 型。

⑥操作面板：基本操作板（BOP）。

⑦变频器面板如图 4.1.2 所示。

图 4.1.2 变频器面板图

1）MM420 变频器电路图及连线

MM420 变频器电路方框图如图 4.1.3 所示。

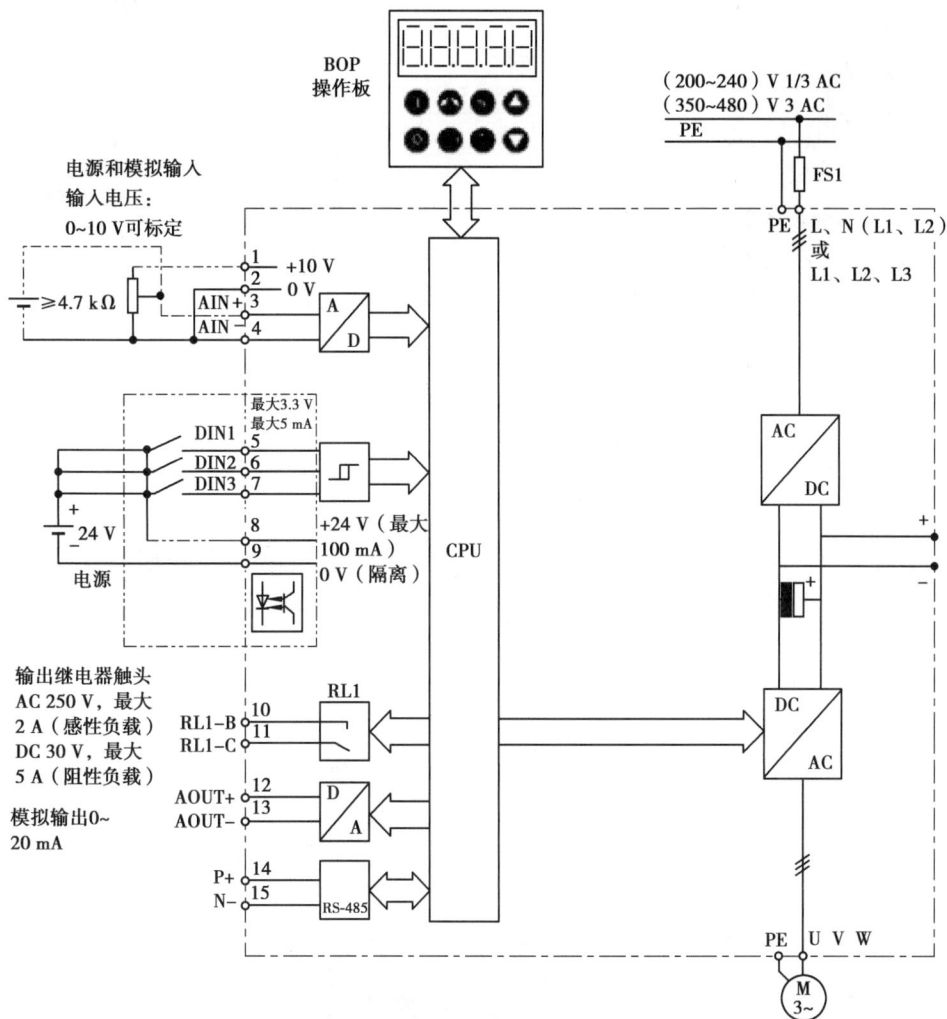

图 4.1.3　MM420 变频器电路方框图

MM420 变频器的接线如图 4.1.4 所示。

进行主电路接线时,变频器上的 L1、L2、L3 接三相电源,接地接保护地线;端子 U、V、W 连接到三相电动机(千万不能接错电源,否则会损坏变频器)。

MM420 变频器接线端子有数字输入点:DIN1(端子 5)、DIN2(端子 6)、DIN3(端子 7)、内部电源 +24 V(端子 8)、内部电源 0 V(端子 9)。数字输入端子可连接到 PLC 的输出点(端子 8 接一个输出公共端,如 2 L)。当变频器命令参数 P0700 = 2(外部端子控制)时,可由 PLC 控制变频器的启动/停止以及变速运行等。

在变频器接线端子上还有模拟输入点:AIN +(端子 3)、内部电源 +10 V(端子 1)、内部电源 0 V(端子 2)。同时,变频器接线端子上还安装了一个用作频率调节的电位器,它的引出线为[1]、[2]、[3]端。

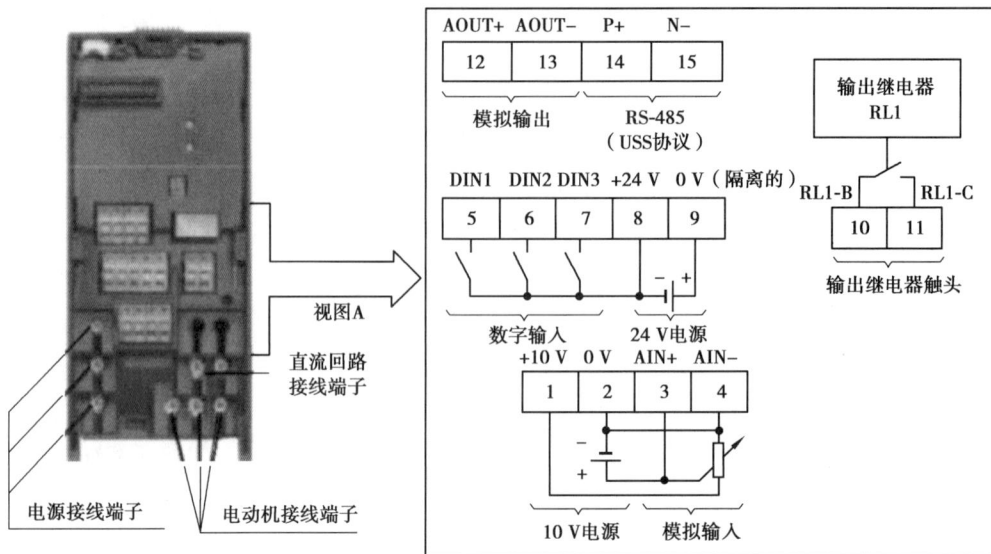

图 4.1.4 MM420 变频器接线端子

如果需要在变频器上直接操作控制三相电动机的运行,可把电位器[1]端与内部电源 +10 V(端子1)相连,电位器[3]端与内部电源 0 V(端子2)相连,电位器[2]端与 AIN +(端子3)相连。连接主电路后,拨动 DIN1 端旁的钮子开关即可启动/停止变频器,旋动电位器即可改变频率实现电动速度调整。

2)MM420 变频器的 BOP 操作面板

如图 4.1.5 所示为基本操作面板(BOP)的外形。利用 BOP 可以改变变频器的各个参数。

BOP 具有 7 段显示的 5 位数字,可以显示参数的序号和数值、报警和故障信息以及设定值和实际值。参数的信息不能用 BOP 存储。

基本操作面板(BOP)上的按钮及其功能见表 4.1.15。

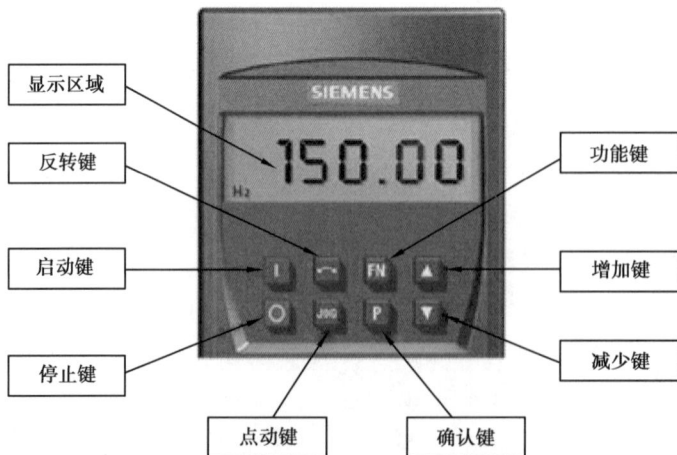

图 4.1.5 BOP 外形

表 4.1.15 BOP 上的按钮与功能

显示/按钮	功能	功能的说明
`r0000`	状态显示	LCD 显示变频器当前的设定值
①	启动变频器	按此键启动变频器。缺省值运行时此键是被封锁的。为了使此键的操作有效,应设定 P0700 = 1
⓪	停止变频器	OFF1:按此键,变频器将按选定的斜坡下降速率减速停车。缺省值运行时此键被封锁。为了允许此键操作,应设定 P0700 = 1; OFF2:按此键两次(或一次,但时间较长)电动机将在惯性作用下自由停车。此功能总是"使能"的
↻	改变电动机的转动方向	按此键可以改变电动机的转动方向,电动机反向时,用负号表示或用闪烁的小数点表示。缺省值运行时此键是被封锁的。为了使此键的操作有效,应设定 P0700 = 1
jog	电动机点动	在变频器无输出的情况下按此键,将使电动机启动,并按预设定的点动频率运行。释放此键时,变频器停车。如果变频器/电动机正在运行,按此键将不起作用
Fn	功能	此键用于浏览辅助信息。变频器运行过程中,在显示任何一个参数时按下此键并保持 2 s 不动,将显示以下参数值(在变频器运行中从任何一个参数开始): ①直流回路电压(用 d 表示,单位为 V)。 ②输出电流(A)。 ③输出频率(Hz)。 ④输出电压(用 0 表示,单位为 V)。 ⑤由 P0005 选定的数值(如果 P0005 选择显示上述参数中的任何一个(3、4 或 5),这里将不再显示)。 连续多次按下此键将轮流显示以上参数。 跳转功能 在显示任何一个参数(r×××× 或 P××××)时短时间按下此键,将立即跳转到 r0000,如果需要的话,可以接着修改其他的参数。跳转到 r0000 后,按此键将返回原来的显示点

续表

显示/按钮	功能	功能的说明
	访问参数	按此键即可访问参数
	增加数值	按此键即可增加面板上显示的参数数值
	减少数值	按此键即可减少面板上显示的参数数值

3)MM420 变频器的参数设置

(1)参数号和参数名称

参数号是指该参数的编号。参数号用 0000 到 9999 的 4 位数字表示。在参数号的前面冠以一个小写字母 r 时,表示该参数是只读的参数,除此之外其他所有参数号的前面都冠以一个大写字母 P。这些参数的设定值可以直接在标题栏的"最小值"和"最大值"范围内进行修改。

(2)更改参数数值的例子

用 BOP 可以修改和设定系统参数,使变频器具有期望的特性,如斜坡时间、最小和最大频率等。选择的参数号和设定的参数值在 5 位数字的 LCD 上显示。

更改参数数值的步骤可大致归纳为:①查找所选定的参数号;②进入参数值访问级,修改参数值;③确认并存储修改好的参数值。

假设参数 P0004 设定值为 0,需要把设定值改变为 3,改变设定值的步骤如图 4.1.6 所示。按照图中说明的类似方法,可以用 BOP 设定常用的参数。

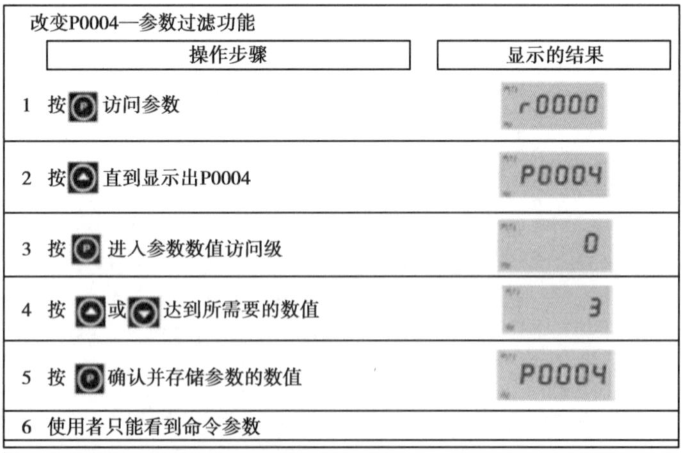

图 4.1.6　改变参数 P0004 数值的步骤

参数 P0004(参数过滤器)的作用是根据所选定的一组功能,对参数进行过滤(或筛选),并集中对过滤出的一组参数进行访问,从而可以更方便地进行调试。P0004 可能的设定值见表 4.1.16,缺省的设定值为 0。

表 4.1.16　**参数 P0004 的设定值**

设定值	所指定参数组意义	设定值	所指定参数组意义
0	全部参数	12	驱动装置的特征
2	变频器参数	13	电动机的控制
3	电动机参数	20	通信
7	命令,二进制 I/O	21	报警警告/监控
8	模-数转换和数-模转换	22	工艺参量控制器(如 PID)
10	设定值通道/RFG(斜坡函数发生器)		

(3)常用参数的设置

表 4.1.17 给出了常用的变频器参数设置值,如果希望设置更多的参数,请参考 MM420 用户手册。

表 4.1.17　**常用变频器参数设置值**

序号	参数号	设置值	说明
1	P0010	30	调试参数过滤器
2	P0970	1	恢复出厂值
3	P0003	3	用户的参数访问级
4	P0004	0	参数过滤器
5	P0010	1	快速调试
6	P0100	0	适用欧洲/北美地区
7	P0304	380	电动机的额定电压
8	P0305	0.17	电动机的额定电流
9	P0307	0.03	电动机的额定功率
10	P0310	50	电动机的额定频率
11	P0311	1500	电动机的额定速度
12	P0700	2	选择命令源
13	P1000	1	选择频率设定值
14	P1080	0	电动机最小频率
15	P1082	50.00	电动机最大频率
16	P1120	2	斜坡上升时间
17	P1121	2	斜坡下降时间
18	P3900	1	结束快速调试

（4）部分常用参数设置说明（更详细的参数设置说明请参考 MM420 用户手册）

①参数 P0003 用于定义用户访问参数组的等级，设置范围为 1 ~ 4，其中，

1—标准级：可以访问最经常使用的参数。

2—扩展级：允许扩展访问参数的范围，如变频器的 I/O 功能。

3—专家级：只供专家使用。

4—维修级：只供授权的维修人员使用（具有密码保护）。

该参数缺省设置为等级 1（标准级），若设置为等级 3（专家级），则允许用户可访问 1、2 级的参数及参数范围和定义用户参数，并对复杂的功能进行编程。用户可以修改设置值，但建议不要设置为等级 4（维修级）。

②参数 P0010 是调试参数过滤器，对与调试相关的参数进行过滤，只筛选出那些与特定功能组有关的参数。P0010 的可能设定值为：0（准备）、1（快速调试）、2（变频器）、29（下载）、30（工厂的缺省设定值）；缺省设定值为 0。

当选择 P0010 = 1 时，进行快速调试；当选择 P0010 = 30 时，把所有参数复位为工厂的缺省设定值。应注意的是，在变频器投入运行之前应将本参数复位为 0。

③命令信号源的选择 P0700，用于指定命令源，可能的设定值见表 4.1.18，缺省值为 2。在改变这一参数时，同时要使所选项目的全部设置值复位为工厂的缺省设置值。例如，把它的设定值由 1 改为 2 时，所有的数字输入都将复位为缺省设置值。

表 4.1.18　P0700 的设定值

设定值	原指定参数值意义	设定值	原指定参数值意义
0	工厂的缺省设置	4	通过 BOP 链路的 USS 设置
1	BOP（键盘）设置	5	通过 COM 链路的 USS 设置
2	由端子排输入	6	通过 COM 链路的通信板（CB）设置

④频率设定值的选择 P1000，这一参数用于频率设定值的信号源。其设定值可达 0 ~ 66。缺省的设置值为 2。实际上，当设定值大于 10 时，频率设定值将来源于两个信号源的叠加。其中，主设定值由最低一位数字（个位数）来选择（即 0 ~ 6），而附加设置值由最高一位数（十位数）来选择（即 X0 ~ X6，其中，X = 1 ~ 6）。以下只说明常用主设定值信号源的意义。

0：无设定值。

1：MOP（电动电位差计）设定值。取此值时，选择基本操作板（BOP）的按钮指定输出频率。

2：模拟设定值。输出频率由 3、4 端子两端的模拟电压（0 ~ 10）V 设定。

3：固定频率。输出频率由数字输入端子 DIN1—DIN3 的状态指定。用于多段速控制。

4：通过 COM 链路 USS 设定。即通过按 USS 协议的串行通信线路设定频率。

变频器的参数在出厂时的缺省设定值是命令源参数 P0700 = 2（即外部 I/O）和频率设定值信号源 P1000 = 2（即模拟量输入）。这时，只要在 AIN + 与 AIN - 上加模拟电压（0 ~ 10）V 并使数字输入 DIN1 为 ON，即可启动电动机并实现其速度的连续调整。

4.1.3　变频器的 PLC 控制方法

1）利用 PLC 的开关量输出控制变频器

PLC 的输出端子、COM 端子直接与变频器的正转、反转、高速、中速、低速、输入端等端口分别相连。PLC 可以通过程序设计输出端子的闭合和断开，控制变频器的启动、停止、复位，也可以通过控制变频器高速、中速、低速端子的不同组合实现多段速度运行。但是，这种方式是采用开关量来实施控制的，其调速曲线不是一条连续平滑的曲线，无法实现精细的速度调节。这种控制方式的优点是方案实现快速、编程简单、易维护；缺点是抗干扰能力差、线路多、控制不精确。

2）利用 PLC 模拟量输出模块控制变频器

通过 PLC 外部扩展一个 D/A 模块，将 PLC 数字信号转换成电压（或电流，视变频器设置而定）信号。将 PLC 的模拟量输出模块输出的 $0 \sim 10$ V/5 V 电压信号或 $4 \sim 20$ mA 电流信号作为变频器的模拟量输入信号来控制变频器的输出频率，即通过控制 D/A 模块的输出电压就可以改变电动机的转速。这种控制方式的优点是 PLC 程序编制简单方便，调速曲线平滑连续、工作稳定；缺点是在大规模生产线中，控制电缆较长，尤其是 D/A 模块采用电压信号输出时，线路有较大的电压降，影响了系统的稳定性和可靠性。输入 PLC 的模拟信号不能直接输出给控制变频器，它要和给定信号进行比较，经过 PID 运算后输出信号控制变频器，使变频器按一定的运算模式控制输出频率改变电动机的转速。输入变频器的模拟信号也不能直接控制变频器的输出频率，它也要和给定信号进行比较，并经过 PID 运算才能控制电动机的转速。

3）PLC 通过通信口控制变频器

变频器一般都自带 RS485 口或可通过 PLC 扩展通信卡。PLC 可采用 RS485 无协议通信方法、Modbus-RTU 通信方法、现场总线方式实现变频器和 PLC 之间的通信控制。这种方案的控制功能强大，功能可以任意编程，连线少（两根线），但程序相对复杂，比较适合复杂的系统。这种控制方式的优点是速度变换平滑，速度控制精确，适应能力好；缺点是程序复杂。PLC 控制变频器如图 4.1.7 所示。

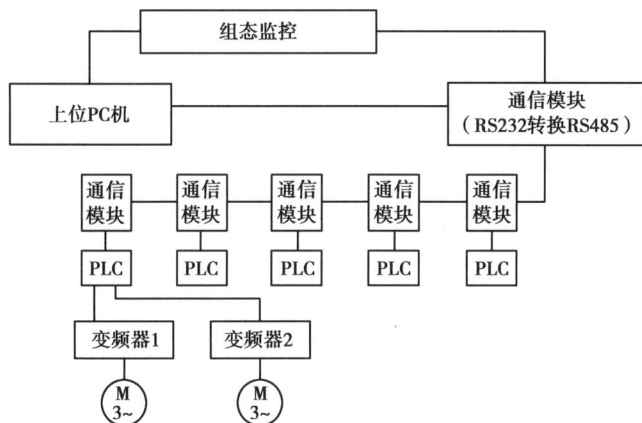

图 4.1.7　PLC 控制变频器

【任务扩展】

设计自动门控制系统,控制要求如下:

人靠近自动门时,门上的感应器有信号,驱动电机以 45 Hz 的频率正转开门,碰到限位开关 SQ1 时,电机以 20 Hz 的频率正转,碰到限位开关 SQ2 后电机停止转动。若 5 s 内检测到无人,电机以 46 Hz 的频率反转关门,碰到限位开关 SQ3 时,电机以 22 Hz 的频率反转,碰到限位开关 SQ4 后,电机停止转动。在关门期间若检测到有人,停止关门,延时 3 s 后自动转为高速开门。按下紧急停止按钮后,立即停止,再次按下后继续工作任务工单见表 4.1.19—表 4.1.25。

表 4.1.19　工单 1:元件和材料清单

元件或材料名称	符号	型号	数量

表 4.1.20　工单 2:I/O 分配表

输入			输出		
输入元件	作用	输入继电器	输出元件	作用	输出继电器

表 4.1.21　工单 3:参数设置表

参数号	参数名称	设定值	说明

参数号	参数名称	设定值	说明

表 4.1.22　工单 4:I/O 接线图

表 4.1.23　工单 5:梯形图设计

表 4.1.24　工单 6:调试方案设计

序号	操作步骤	预计出现结果

表 4.1.25　工单 7:过程记录

问题	解决方法或思路

任务 4.2　基于变频器控制的火电厂燃料添加系统调试

【任务情境描述】

在电力系统中,输送带被大量使用,特别是电厂中的输煤系统,输送带起到了重要作用。某电厂的输煤系统要求能对输送带实现启动、停止、正反转、调速控制,当输送带将煤粉放进指定位置时,蜂鸣器和指示灯联合报警示意。

本任务主要针对火电厂燃料添加系统进行设计,实现传输带的变速控制。

【任务目标】

知识要求:

1.掌握火电厂燃料添加系统的结构;

2.掌握火电厂燃料添加系统的工作原理。

能力要求:

1.能够正确使用变频器;

2.能够设计变频器的 PLC 控制回路。

素质要求:

1.能与小组成员协商、配合,共同完成本学习任务;

2.能主动学习,在完成任务过程中发现问题、分析问题和解决问题;

3.能严格按照企业行为规范和职业道德要求开展工作,有精益求精的工作态度和安全规范操作的意识。

【任务书】

任务名称:基于变频器控制的火电厂燃料添加系统设计与调试。

任务内容:

本任务以火电厂燃料添加系统为载体,实现传输带的调速控制。具体要求如下:

①煤粉供给。

②输送带启动、停止。

③输送带变速正反转。

④蜂鸣器和指示灯报警示意。有过载保护,电机启动、停止均有缓冲时间。

任务清单见表4.2.1。

表4.2.1　任务清单

任务内容	任务要求	验收方式
完成 I/O 分配表、硬件接线图、参数设置表	符合图表设计的原则及标准	材料提交
根据硬件接线图完成实训台接线	符合接线标准	成果展示
完成 PLC 程序设计及变频器参数设置,实现任务功能要求	实现任务功能性要求	成果展示
完成设计说明书、产品使用说明书	结构清晰,内容完整,文字简洁、规范,图片清楚、规范	材料提交

【任务分组】

任务分配表见表4.2.2。

表4.2.2 学生任务分配表

班级		组号		指导老师	
组长		学号			
组员1		学号			
组员2		学号			

任务分工:

设计任务	主要内容	分　工

【获取信息】

引导问题1:思考火电厂燃料添加系统的结构是什么样的。

_____

_____

_____

引导问题2:分析火电厂燃料添加系统的工作原理。

_____

_____

_____

【制订计划】

1.预订计划

学生思考任务方案,并在表4.2.3中用适当的方式予以表达。

表 4.2.3　计划制订工作单(成员使用)

1. 任务解决方案

建议从不同功能要求分别描述解决方案。

_____

_____

_____

_____

2. 任务涉及设备信息、使用工具、材料列表

需要的电气装置、电气元件等	
需要的工具	
需要的材料	

2. 确定计划

请根据小组讨论及教师引导选择决策方式。小组根据检查、讨论确定计划,并在表 4.2.4 中用适当的方式予以表达。

表 4.2.4　计划决策工作单(小组决策使用)

1. 小组讨论决策

负责人:_____讨论发言人:_____

决策结论及方案变更:

_____

_____

_____

_____

_____

2. 小组互换决策

优点	缺点	综合评价 (A、B、C、D)	签名

续表

3.人员分工与进度安排			
内容	人员	时间安排	备注

【实施计划】

按照确定的计划进行电路设计、元器件选择、配线、PLC 程序设计与调试等工作,并将实施的主要流程环节,每个流程中遇到问题及完成时间填写至表 4.2.11 中,部分成果分别填写至表 4.2.5—表 4.2.10 中。

表 4.2.5 元件和材料清单

元件或材料名称	符号	型号	数量

表 4.2.6 I/O 分配表

输入			输出		
输入元件	作用	输入继电器	输出元件	作用	输出继电器

表 4.2.7　参数设置表

参数号	参数名称	设定值	说明

表 4.2.8　I/O 接线图

表 4.2.9　梯形图设计

| |
| |
| |

表 4.2.10　调试方案设计

序号	操作步骤	预计出现结果

表 4.2.11　过程记录

问题	解决方法或思路

【评价反馈】

评分标准见表 4.2.12。

表 4.2.12　评分标准

评价内容		配分	考核点	评分细则
职业基本素养（20分）	作业前期准备	10分	写出作业前准备工作： 1. 正确着装，穿戴劳动防护用品； 2. 正确检查工作现场的电源位置与状态，确保操作的安全性； 3. 正确清点操作所需仪表、工具、元器件的数量，并检查其状态符合作业要求。	1. 未按要求写出着装要求，扣3分； 2. 未按要求写出清点工具、仪表等，每项扣1分； 3. 未按要求写出工具摆放整齐，扣3分。
	6S规范	10分	写出6S规范： 1. 作业全程正确使用和摆放工器具、仪表、元器件，不出现使用及摆放不当造成的器具损坏； 2. 作业过程中无不文明行为，独立完成考核内容，能进行合理沟通与交流，正确应对突发事件； 3. 具有安全用电意识，操作符合安全规程要求； 4. 合理、正确选取材料，不造成材料浪费； 5. 作业结束后清理工器具、打扫工作现场。	1. 未按要求写出操作过程中摆放工具、仪表，杂物等，扣5分； 2 未按要求写出完成任务后清理工位，扣5分； 3. 未按要求写出，换线断电，损坏设备，考试成绩为0分。
专业知识与技能（80分）	地址分配	20分	I/O的选择、变频器参数的设置符合题目控制要求。	1. I/O未按题目要求设置，每处扣2分； 2. 变频器参数未按题目要求设置，每处扣2分。
	控制程序输入	20分	1. 熟练操作编程软件，将设计的程序正确输入计算机，写入PLC； 2. 发现错误的输入点，能够进行更正。	1. 不会熟练操作软件输入程序，扣10分； 2. 不会进行程序删除、插入、修改等操作，每项扣2分； 3. 不会联机下载调试程序，扣10分。
	硬件接线	20分	熟练地按照硬件接线图接线。	无法按系统接线图正确安装，扣20分。
	功能调试	20分	1. 正确分析、处理调试中遇到的软、硬件故障，并能优化程序； 2. 正确记录程序运行、调试过程中的各种参数，以及故障现象，处理过程等。	1. 不能按控制要求调试系统，扣10分； 2. 不能达到控制要求，每处扣5分； 3. 调试时造成元件损坏或者熔断器熔断，每次扣10分。

组员任务量见表4.2.13。

表4.2.13　组员任务量

姓名	完成的工作	加权系数(教师给定)

评分见表4.2.14。

表4.2.14　评分

小组得分	(填组员姓名)得分	(　　　)得分	(　　　)得分	(　　　)得分

【任务扩展】

设计全自动洗衣机控制系统,控制要求如下:

选择模式1,直接按下启动按钮,执行"标准"洗涤模式,打开进水阀,洗衣机开始进水,等水位到达检测器 SL3 时,关闭进水阀。波轮以 35 Hz 正转 5 s,停 3 s,反转 5 s。循环 3 次后,停止洗涤,开始排水。

选择模式1,选择"中水位",按下启动按钮,打开进水阀,洗衣机开始进水,等水位到达检测器 SL2 时,关闭进水阀。

选择模式1,选择"低水位",按下启动按钮,打开进水阀,洗衣机开始进水,等水位到达检测器 SL1 时,关闭进水阀。

选择模式2,按下启动按钮,执行"快速"洗涤模式,打开进水阀,洗衣机开始进水,等水位到达检测器 SL3 时,关闭进水阀。波轮以 50 Hz 正转 4 s,反转 4 s。循环两次后,停止洗涤,开始排水。

选择模式2,选择"中水位",按下启动按钮,打开进水阀,洗衣机开始进水,等水位到达检测器 SL2 时,关闭进水阀。

选择模式2,选择"低水位",按下启动按钮,打开进水阀,洗衣机开始进水,等水位到达检测器 SL1 时,关闭进水阀。

排水时,排水阀打开,等到排水位检测器 SL0 无信号时,关闭。按下停止按钮,暂停,再按下启动按钮继续。

任务工单见表 4.2.15—表 4.2.21。

表 4.2.15　工单 1:元件和材料清单

元件或材料名称	符号	型号	数量

表 4.2.16　工单 2:I/O 分配表

输入			输出		
输入元件	作用	输入继电器	输出元件	作用	输出继电器

表 4.2.17　工单 3:参数设置表

参数号	参数名称	设定值	说明

表 4.2.18　工单 4 I/O 接线图

表 4.2.19　工单 5:梯形图设计

表 4.2.20　工单 6:调试方案设计

序号	操作步骤	预计出现结果

表 4.2.21　工单 7:过程记录

问题	解决方法或思路

项目 5　光伏发电系统的控制

任务 5.1　光伏发电系统的按钮控制

【任务情境描述】

　　KNT-WP01 型风光互补发电实训系统是 2012 年全国职业院校技能大赛高职组"风光互补发电系统安装与调试"赛项指定使用的大赛设备,由南京康尼科技实业有限公司提供。该设备在 2011 年全国职业院校技能大赛高职组"光伏发电系统安装与调试"赛项指定使用的 KNT-SPV01 型光伏发电实训系统设备的基础上,增加了风力供电装置和风力供电系统,实现了功能拓展。

　　KNT-WP01 型风光互补发电实训系统主要由光伏供电装置、光伏供电系统、风力供电装置、风力供电系统、逆变与负载系统、监控系统组成,如图 5.1.1 所示。KNT-WP01 型风光互补发电实训系统采用模块式结构,各装置和系统具有独立的功能,可以组合成光伏发电实训系统和风力发电实训系统。

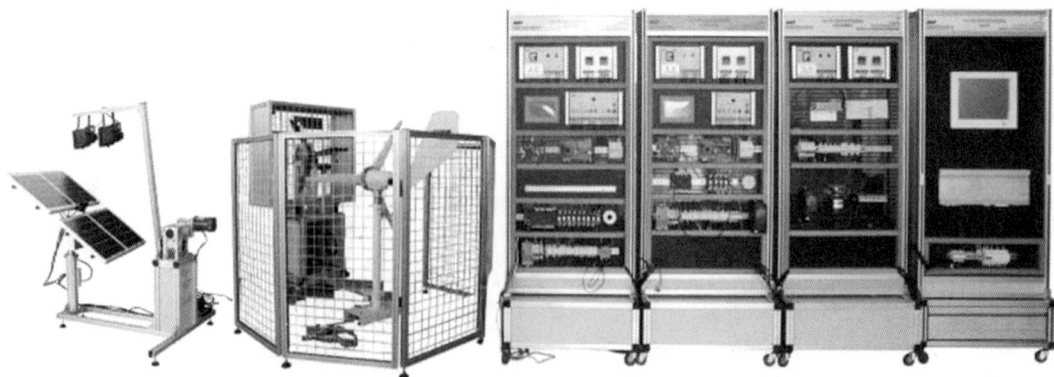

图 5.1.1　KNT-WP01 型风光互补发电实训系统

1. 光伏供电装置的组成

光伏供电装置主要由光伏电池组件、投射灯、光线传感器、光线传感器控制盒、水平方向和俯仰方向运动机构、摆杆、摆杆减速箱、摆杆支架、单相交流电动机、电容器、直流电动机、接近开关、微动开关、底座支架等设备与器件组成,如图5.1.2所示。

4块光伏电池组件并联组成光伏电池方阵,光线传感器安装在光伏电池方阵中央。两盏300 W的投射灯安装在摆杆支架上,摆杆底端与减速箱输出端连接,减速箱输入端连接单相交流电动机。电动机旋转时,通过减速箱驱动摆杆作圆周摆动。摆杆底端与底座支架连接部分安装了接近开关和微动开关,用于摆杆位置的限位和保护。水平和俯仰方向运动机构由水平运动减速箱、俯仰运动减速箱、水平运动和俯仰运动直流电动机、接近开关和微动开关组成。水平运动和俯仰运动直流电动机旋转时,水平运动减速箱驱动光伏电池方阵作向东方向或向西方向的水平移动、俯仰运动减速箱驱动光伏电池方阵作向北方向或向南方向的俯仰移动,接近开关和微动开关用于光伏电池方阵位置的限位和保护。

2.光伏供电系统

光伏供电系统主要由光伏电源控制单元、光伏输出显示单元、触摸屏、光伏供电控制单元、充/放电控制单元、信号处理单元、西门子S7-200 smart PLC、继电器组、接线端子排、蓄电池组、可调电阻、断路器、24 V开关电源、网孔架等组成,如图5.1.3所示。

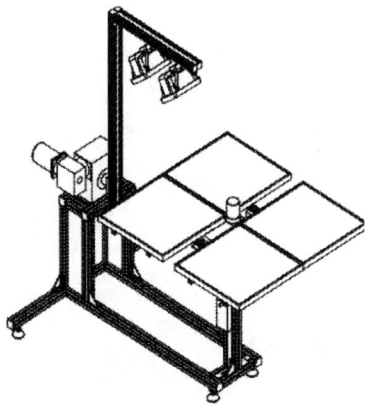

图5.1.2 光伏供电装置

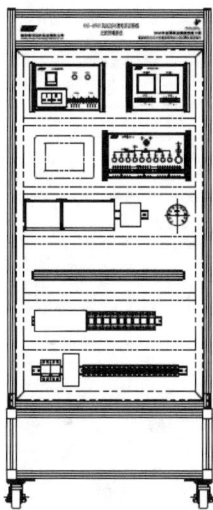

图5.1.3 光伏供电系统

【学习目标】

知识要求:

1.熟悉光伏发电的原理;

2.熟悉光伏发电系统的功能。

能力要求:

1.能用PLC设计光伏发电系统的控制程序;

2.能对光伏发电系统进行调试,确保正常工作。

素质要求:

1.能配合团队工作,和团队成员进行良好协作;

2.诚信友善,具备基本职业道德素养;

3.能细心地进行作业,具备创新意识;

4.有精益求精的工作态度和安全规范操作的意识。

【任务书】

任务名称:光伏发电系统的 PLC 控制。

任务内容:根据控制面板(图5.1.4),编写光伏发电系统的 PLC 控制程序,具体要求如下:

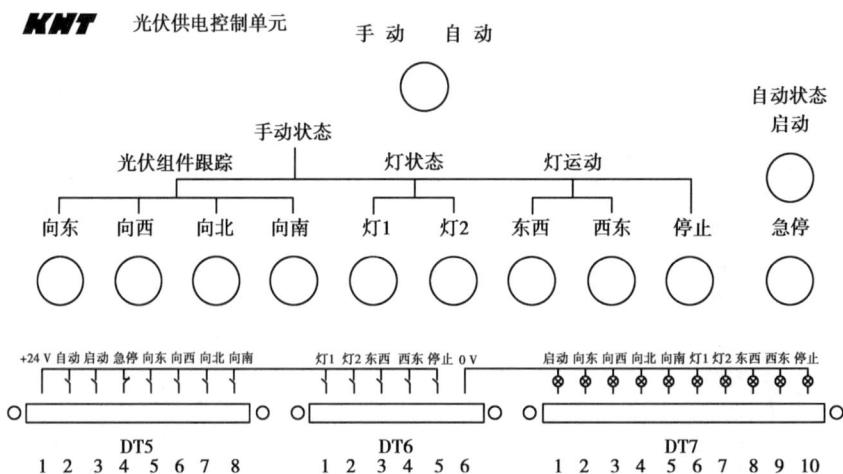

图 5.1.4 光伏供电控制单元面板

1.光伏供电控制单元

①光伏供电控制单元的选择开关有两个状态:选择开关拨向左边时,PLC 处在手动控制状态,可以进行光伏电池组件跟踪、灯状态、灯运动操作;选择开关拨向右边时,PLC 处在自动控制状态,按下启动按钮,PLC 执行自动控制程序。

②PLC 处在手动控制状态时,按下向东按钮,PLC 的 Q0.1 输出 +24 V 电平,向东按钮的指示灯亮;PLC 的 Q1.4 输出 +24 V 电平,继电器 KA3 线圈通电,继电器的常开触点闭合,+24 V 电源通过继电器 KA3 和接插座 CON4 提供给水平方向和俯仰方向运动机构中控制光伏电池组件向东偏转或向西偏转的直流电机工作,光伏电池组件向东偏转。

如果按下向西按钮,PLC 的 Q0.2 输出 +24 V 电平,向西按钮的指示灯亮;PLC 的 Q1.5 输出 +24 V 电平,继电器 KA4 线圈通电,继电器的常开触点闭合,+24 V 电源通过继电器 KA4 和接插座 CON4 提供给水平方向和俯仰方向运动机构中控制光伏电池组件向东偏转或向西偏转的直流电机工作,继电器 KA4 改变了 +24 V 电源的极性,光伏电池组件向西偏转。

向东按钮和向西按钮在程序上采取互锁关系。向北按钮和向南按钮的作用与向东按钮和向西按钮的作用相同,按下向北按钮或向南按钮时,光伏电池组件向北偏转或向南偏转。

③PLC 处在手动控制状态时,按下灯 1 和灯 2 按钮,PLC 的 Q0.5 和 Q0.6 输出 +24 V 电平,灯 1 和灯 2 按钮的指示灯亮,继电器 KA7 线圈和继电器 KA8 线圈通电,继电器常开触点闭合。继电器 KA7 和继电器 KA8 将单相 AC 220 V 通过接插座 CON3 分别提供给投射灯 1 和投射灯 2。

④PLC 处在手动控制状态时,按下东西按钮,PLC 的 Q0.7 输出 +24 V 电平,东西按钮的指示灯亮。PLC 的 Q1.2 输出 +24 V 电平,继电器 KA1 线圈通电,继电器的常开触点闭合,将单相 AC 220 V 通过接插座 CON2 提供给摆杆偏转电动机,电动机旋转时,安装在摆杆上的投射灯由东向西方向移动。

如果按下西东按钮,PLC 的 Q1.0 输出 +24 V 电平,西东按钮的指示灯亮。PLC 的 Q1.3 输出 +24 V 电平,继电器 KA2 线圈通电,继电器的常开触点闭合,将单相 AC 220 V 通过接插座 CON2 提供给摆杆偏转电动机,电动机旋转时,安装在摆杆上的投射灯由西向东方向移动。东西按钮和西东按钮在程序上采取互锁关系。

⑤PLC 处在自动控制状态,按下启动按钮时,PLC 运行自动程序。摆杆上的投射灯由东向西方向或由西向东方向移动,光线传感器中 4 象限的光敏电阻感受不同的光强度,通过光线传感控制盒中的电路将 +24 V 电平或 0 V 电平通过 4 个通道分别输出到 PLC 的 I2.2、I2.3、I2.4 和 I2.5 输入端,分别对应为光伏电池组件向东、向西、向北和向南偏移的信号。如果 PLC 的 I2.2 接收到 +24 V 电平,PLC 的 Q1.4 输出 +24 V 电平,继电器 KA3 线圈通电,常开触点闭合,+24 V 电源通过继电器 KA3 和接插座 CON4 提供给水平方向和俯仰方向运动机构中控制光伏电池组件向东偏转或向西偏转的直流电机工作,光伏电池组件向东偏转。如果 PLC 的 I2.3 接收到 +24 V 电平,光伏电池组件向西偏转;如果 PLC 的 I2.4 或 I2.5 接收到 +24 V 电平,则光伏电池组件向北或向南偏转。

2. 程序调试指导

①利用万用表检查相关电路的接线。

②在手动状态下,分别按下向东、向西、向北、向南按钮,观察光伏电池方阵的运动方向。当按下停止按钮时,光伏电池方阵停止运动。观察光伏电池方阵在极限位置是否停止运动。如果光伏电池方阵运动状态不正常,检查接线和程序后再重复调试。

③在手动状态下,分别按下灯 1 和灯 2 按钮,观察投射灯 1 和投射灯 2 是否发光。当按下停止按钮时,点亮的投射灯熄灭。如果不正常,检查接线和程序后再重复调试。

④在手动状态下,分别按下东西和西东按钮,观察摆杆的运动状态。当按下停止按钮时,摆杆停止运动。观察摆杆在极限位置是否停止运动。如果摆杆运动状态不正常,检查接线和程序后再重复调试。

⑤在自动状态下,按下启动按钮时,投射灯 1 或投射灯 2 亮,摆杆作东西向运动,光伏电池方阵跟踪投射灯运动。当摆杆运动到东西向极限位置时,摆杆作西东向运动,光伏电池方

阵跟踪投射灯运动。如果上述运动不正常,重点检查程序。

任务清单见表 5.1.1。

表 5.1.1　任务清单

任务内容	任务要求	验收方式
写出 I/O 分配表	要有 PLC 的 I/O 分配表,不重不漏	材料提交
画出 PLC 电气接线图	符合电气绘图标准	材料提交
完成 PLC 程序设计并调试,实现任务功能性要求	实现任务功能性要求	成果展示

【任务分组】

任务分配表见表 5.1.2。

表 5.1.2　学生任务分配表

班级		组号		指导老师	
组长		学号			
组员 1		学号			
组员 2		学号			

任务分工:

设计任务	主要内容	分工

【获取信息】

引导问题 1:光伏电池的原理是什么?请测量本套系统的光伏电池的开路电压。

_____

_____

_____

_____

引导问题 2：投射灯的作用是什么？为什么光伏板要追踪投射灯？

_____

_____

_____

_____

_____

引导问题 3：在自动模式下，光伏板靠什么传感器来追踪投射灯？

_____

_____

_____

_____

【制订计划】

1. 预订计划

小组成员开展讨论，初步制订计划。

表 5.1.3　计划制订工作单（成员讨论使用）

1. 任务解决方案 建议从不同功能要求分别描述解决方案。	
_____	
_____	
_____	
_____	
_____	
_____	
2. 任务涉及设备信息、使用工具、材料列表	
需要的电气装置、电气元件等	
需要的工具	
需要的材料	

2. 确定计划

请根据小组讨论及教师引导选择决策方式。小组根据检查、讨论确定计划，并在表 5.1.4 中用适当的方式予以表达。

表 5.1.4　计划决策工作单（小组决策使用）

1. 小组讨论决策

负责人：＿＿＿＿＿讨论发言人：＿＿＿＿＿＿＿＿＿＿＿＿＿＿＿＿＿＿＿＿＿＿＿

决策结论及方案变更：

_____

_____

_____

_____

_____

_____

2. 小组互换决策

优点	缺点	综合评价 （A、B、C、D）	签名

3. 人员分工与进度安排

内容	人员	时间安排	备注

【实施计划】

　　按照确定的计划进行电路设计、元器件选择、配线、PLC 程序设计与调试等工作，并将实施的主要流程环节，每个流程中遇到问题及完成时间填写至表 5.1.10 中，部分成果分别填写至表 5.1.5—表 5.1.9 中。

表 5.1.5　元件和材料清单

元件或材料名称	符号	型号	数量

续表

元件或材料名称	符号	型号	数量

表 5.1.6　I/O 分配表

输入			输出		
输入元件	作用	输入继电器	输出元件	作用	输出继电器

表 5.1.7　PLC 接线图

表 5.1.8　梯形图设计

表 5.1.9　调试方案设计

序号	操作步骤	预计出现结果

表 5.1.10　过程记录

问题	解决方法或思路

【评价反馈】

评分标准见表 5.1.11。

表 5.1.11　评分标准

评价内容		配分	考核点	评分细则
职业基本素养（20分）	作业前期准备	10分	写出作业前准备工作： 1. 正确着装，穿戴劳动防护用品； 2. 正确检查工作现场的电源位置与状态，确保操作的安全性； 3. 正确清点操作所需仪表、工具、元器件的数量，并检查其状态符合作业要求。	1. 未按要求写出着装要求，扣3分； 2. 未按要求写出清点工具、仪表等，每项扣1分； 3. 未按要求写出工具摆放整齐，扣3分。
	6S规范	10分	写出6S规范： 1. 作业全程正确使用和摆放工器具、仪表、元器件，不出现使用及摆放不当造成的器具损坏； 2. 作业过程中无不文明行为，独立完成考核内容，能进行合理沟通与交流，正确应对突发事件； 3. 具有安全用电意识，操作符合安全规程要求； 4. 合理、正确选取材料，不造成材料浪费； 5. 作业结束后清理工器具、打扫工作现场。	1. 未按要求写出操作过程中摆放工具、仪表，杂物等，扣5分； 2. 未按要求写出完成任务后清理工位，扣5分； 3. 未按要求写出，换线断电，损坏设备，考试成绩为0分。

续表

评价内容		配分	考核点	评分细则
专业知识与技能（80分）	地址分配	20分	I/O 的选择符合题目控制要求。	I/O 未按题目要求设置,每处扣 2 分。
	控制程序输入	20分	1.熟练操作编程软件,将设计的程序正确输入计算机,写入 PLC; 2.发现错误的输入点,能够进行更正。	1.不会熟练操作软件输入程序,扣 10 分; 2.不会进行程序删除、插入、修改等操作,每项扣 2 分; 3.不会联机下载调试程序,扣 10 分。
	硬件接线	20分	熟练地按照硬件接线图接线。	无法按系统接线图正确安装,扣 20 分。
	功能调试	20分	1.正确分析、处理调试中遇到的软、硬件故障,并能优化程序; 2.正确记录程序运行、调试过程中的各种参数,以及故障现象,处理过程等。	1.不能按控制要求调试系统,扣 10 分; 2.不能达到控制要求,每处扣 5 分; 3.调试时造成元件损坏或者熔断器熔断,每次扣 10 分。

组员任务量见表 5.1.12。

表 5.1.12　组员任务量

姓名	完成的工作	加权系数（教师给定）

评分见表 5.1.13。

表 5.1.13　评分

小组得分	(填组员姓名)得分	(　　　)得分	(　　　)得分	(　　　)得分

【相关知识点】

5.1.1　光伏电源控制单元

1)光伏电源控制单元面板

光伏电源控制单元面板如图 5.1.5 所示。光伏电源控制单元主要由漏电断路器、24 V 开关电源、AC 220 V 电源插座、指示灯、接线端子 DT1 和 DT2 等组成。接线端子 DT1.1、DT1.2 和 DT1.3、DT1.4 分别接入 AC 220 V 的 L 和 N。接线端子 DT2.1、DT2.2 和 DT2.3、DT2.4 分别输出 +24 V 和 0 V。光伏电源控制单元的电气原理图如图 5.1.6 所示。

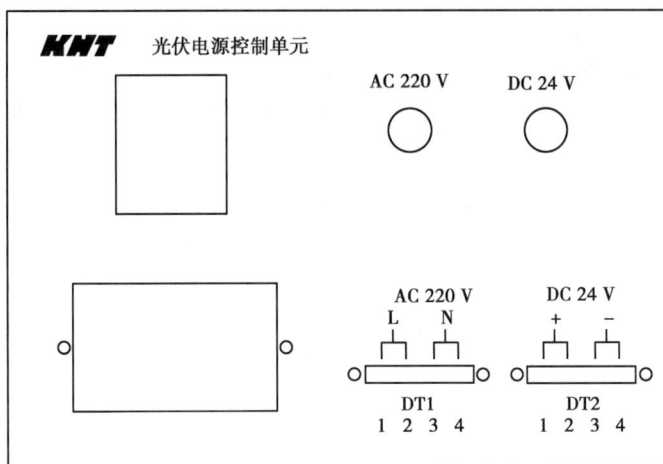

图 5.1.5　光伏电源控制单元面板

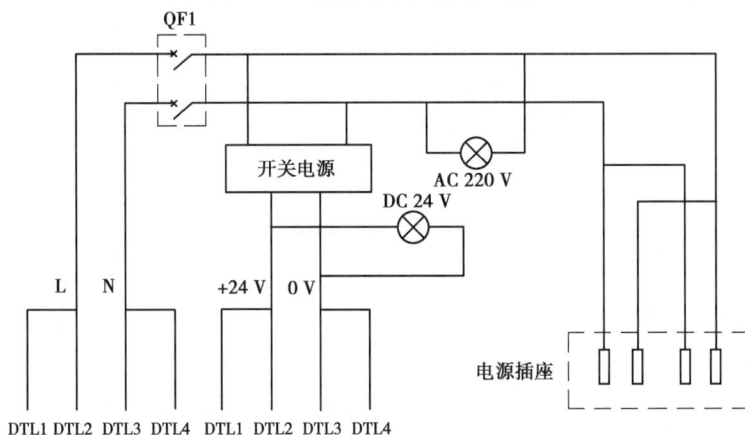

图 5.1.6　光伏电源控制单元的电气原理图

2)光伏电源控制单元接线

光伏电源控制单元接线见表 5.1.14。

表 5.1.14　光伏电源控制单元接线

序号	起始端位置	结束端位置	线型
1	DT1.1、DT1.2(ϕ3 叉型端子)	接线排 L(管型端子)	0.75 mm^2 红色
2	DT1.3、DT1.4(ϕ3 叉型端子)	接线排 N(管型端子)	0.75 mm^2 黑色
3	DT2.1、DT2.2(ϕ3 叉型端子)	接线排 +24 V(管型端子)	0.75 mm^2 红色
4	DT2.3、DT2.4(ϕ3 叉型端子)	接线排 0 V(管型端子)	0.75 mm^2 白色

5.1.2　光伏输出显示单元

1) 光伏输出显示单元面板

光伏输出显示单元面板如图 5.1.7 所示。光伏输出显示单元主要由直流电流表、直流电压表、接线端子 DT3 和 DT4 等组成。接线端子 DT3.3、DT3.4 和 DT4.3、DT4.4 分别接入 AC 220 V 的 L 和 N。接线端子 DT3.5、DT3.6 和 DT4.5、DT4.6 分别是 RS485 通信端口。接线端子 DT3.1、DT3.2 和 DT4.1、DT4.2 分别用于测量和显示光伏电池方阵输出的直流电流和直流电压。

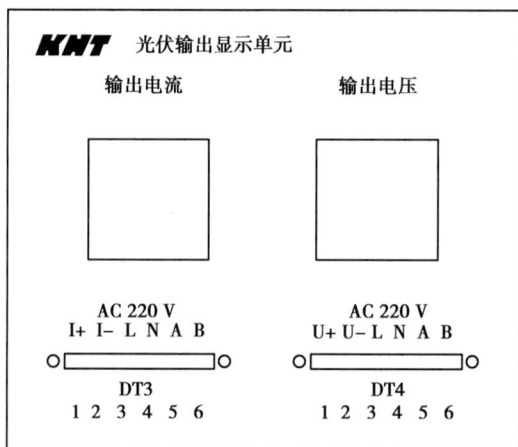

图 5.1.7　光伏输出显示单元面板

2) 光伏输出显示单元接线

光伏输出显示单元接线见表 5.1.15。

表 5.1.15　光伏输出显示单元接线

序号	起始端位置	结束端位置	线型
1	DT3.3(ϕ3 叉型端子)	接线排 L(管型端子)	0.75 mm^2 红色
2	DT3.4(ϕ3 叉型端子)	接线排 N(管型端子)	0.75 mm^2 黑色
3	DT4.3(ϕ3 叉型端子)	接线排 L(管型端子)	0.75 mm^2 红色
4	DT4.4(ϕ3 叉型端子)	接线排 N(管型端子)	0.75 mm^2 黑色
5	DT3.1(ϕ3 叉型端子)	QF074(叉型端子)	0.5 mm^2 蓝色
6	DT3.2(ϕ3 叉型端子)	DT4.1(ϕ3 叉型端子)	0.5 mm^2 蓝色
7	DT4.1(ϕ3 叉型端子)	XT1.29(管型端子)	0.5 mm^2 蓝色
8	DT4.2(ϕ3 叉型端子)	XT1.30(管型端子)	0.5 mm^2 蓝色

序号	起始端位置	结束端位置	线型
9	DT3.5(ϕ3 叉型端子)	DT4.5(ϕ3 叉型端子)	0.5 mm^2 蓝色
10	DT3.6(ϕ3 叉型端子)	DT4.6(ϕ3 叉型端子)	0.5 mm^2 蓝色
11	DT4.6(ϕ3 叉型端子)	XT1.34(管型端子)	屏蔽电缆

5.1.3　光伏供电控制单元

1)光伏供电控制单元组成

光伏供电控制单元主要由手/自动选择开关,急停按钮,带灯按钮,接线端子 DT5、DT6 和 DT7 等组成,可实现手动或自动运行光伏电池组件双轴跟踪、灯状态、灯运动操作。光伏供电控制单元面板如图 5.1.8 所示。

选择开关自动挡、启动按钮、向东按钮、向西按钮、向北按钮、向南按钮、灯 1 按钮、灯 2 按钮、东西按钮、西东按钮、停止按钮均使用常开触点,分别接在接线端子的 DT5.2、DT5.3、DT5.5、DT5.6、DT5.7、DT5.8、DT6.1、DT6.2、DT6.3、DT6.4、DT6.5 等端口。急停按钮使用常闭触点,接在接线端子的 DT5.4 端口。接线端子 DT5.1 和 DT6.6 分别接入 +24 V 和 0 V。接线端 DT7 有 10 个端口,分别接入相应按钮的指示灯。

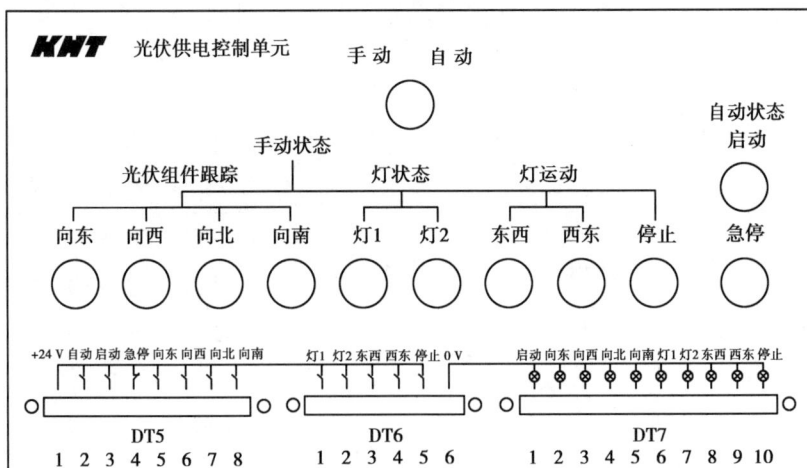

图 5.1.8　光伏供电控制单元面板

2)光伏供电控制单元电气原理图

光伏供电控制单元的电气原理图如图 5.1.9 所示。

+24 V

手/自动旋转开关　启动按钮　急停按钮　向东按钮　向西按钮　向北按钮　向南按钮　灯1按钮　灯2按钮　东西按钮　西东按钮　停止按钮

DT5.1　DT5.2　DT5.3　DT7.4　DT7.5　DT7.6　DT7.7　DT7.8　DT6.1　DT6.2　DT7.3　DT6.4　DT6.5

DT6.6　DT7.1　DT7.2　DT7.3　DT7.4　DT7.5　DT7.6　DT7.7　DT7.8　DT7.9　DT7.10

启动指示灯　向东指示灯　向西指示灯　向北指示灯　向南指示灯　灯1　灯2　东西指示灯　西东指示灯　停止指示灯

0 V

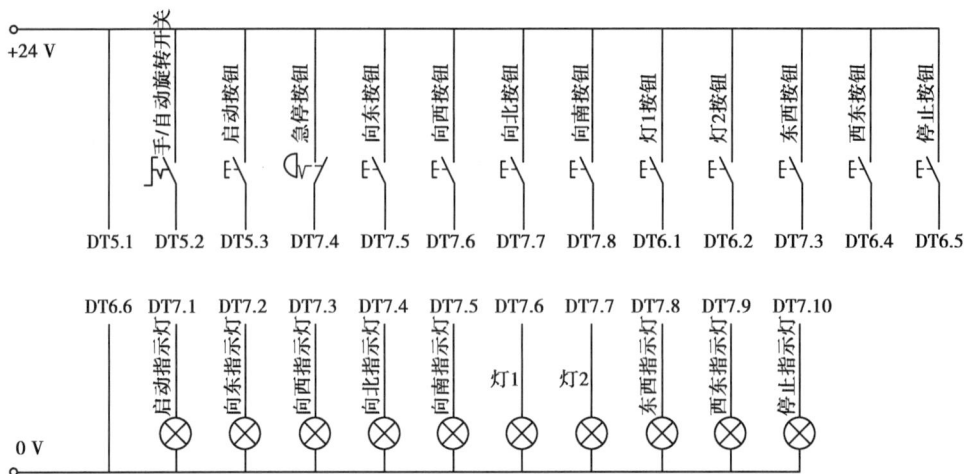

图 5.1.9　光伏供电控制单元电气原理图

3）光伏供电控制单元器件清单

光伏供电控制单元器件清单见表 5.1.16。

表 5.1.16　光伏供电控制单元器件清单

序号	器件名称	功能	数量	备注
1	选择开关	程序的手动或自动选择	1	自动挡为常开触点
2	急停按钮	用于急停处理	1	常闭触点
3	启动按钮	程序启动	1	带灯（绿色）按钮、常开触点
4	向东按钮	光伏电池方阵向东偏转	1	带灯（黄色）按钮、常开触点
5	向西按钮	光伏电池方阵向西偏转	1	带灯（黄色）按钮、常开触点
6	向北按钮	光伏电池方阵向北偏转	1	带灯（黄色）按钮、常开触点
7	向南按钮	光伏电池方阵向南偏转	1	带灯（黄色）按钮、常开触点
8	灯 1 按钮	投射灯 1 亮	1	带灯（绿色）按钮、常开触点
9	灯 2 按钮	投射灯 2 亮	1	带灯（绿色）按钮、常开触点
10	东西按钮	投射灯由东向西移动	1	带灯（黄色）按钮、常开触点
11	西东按钮	投射灯由西向东移动	1	带灯（黄色）按钮、常开触点
12	停止按钮	程序停止	1	带灯（红色）按钮、常开触点
13	8 位接线端子		1	DT-SP
14	6 位接线端子		1	DT-6P
15	10 位接线端子		1	DT-10P

4）光伏供电控制单元接线

光伏供电控制单元接线见表 5.1.17。

表 5.1.17　光伏供电控制单元接线

序号	起始端位置	结束端位置	线型
1	DT5.1(ϕ3 叉型端子)	接线排 + 24 V(管型端子)	0.5 mm^2 红色
2	DT5.2(ϕ3 叉型端子)	CPU SR40 I0.0(管型端子)	0.5 mm^2 蓝色
3	DT5.3(ϕ3 叉型端子)	CPU SR40 I0.1(管型端子)	0.5 mm^2 蓝色
4	DT5.4(ϕ3 叉型端子)	CPU SR40 I0.2(管型端子)	0.5 mm^2 蓝色
5	DT5.5(ϕ3 叉型端子)	CPU SR40 I0.3(管型端子)	0.5 mm^2 蓝色
6	DT5.6(ϕ3 叉型端子)	CPU SR40 I0.4(管型端子)	0.5 mm^2 蓝色
7	DT5.7(ϕ3 叉型端子)	CPU SR40 I0.5(管型端子)	0.5 mm^2 蓝色
8	DT5.8(ϕ3 叉型端子)	CPU SR40 I0.6(管型端子)	0.5 mm^2 蓝色
9	DT6.1(ϕ3 叉型端子)	CPU SR40 I0.7(管型端子)	0.5 mm^2 蓝色
10	DT6.2(ϕ3 叉型端子)	CPU SR40 I1.0(管型端子)	0.5 mm^2 蓝色
11	DT6.3(ϕ3 叉型端子)	CPU SR40 I1.1(管型端子)	0.5 mm^2 蓝色
12	DT6.4(ϕ3 叉型端子)	CPU SR40 I1.2(管型端子)	0.5 mm^2 蓝色
13	DT6.5(ϕ3 叉型端子)	CPU SR40 I1.3(管型端子)	0.5 mm^2 蓝色
14	DT6.6(ϕ3 叉型端子)	接线排 0 V(管型端子)	0.5 mm^2 白色
15	DT7.1(ϕ3 叉型端子)	CPU SR40 Q0.0(管型端子)	0.5 mm^2 蓝色
16	DT7.2(ϕ3 叉型端子)	CPU SR40 Q0.1(管型端子)	0.5 mm^2 蓝色
17	DT7.3(ϕ3 叉型端子)	CPU SR40 Q0.2(管型端子)	0.5 mm^2 蓝色
18	DT7.4(ϕ3 叉型端子)	CPU SR40 Q0.3(管型端子)	0.5 mm^2 蓝色
19	DT7.5(ϕ3 叉型端子)	CPU SR40 Q0.4(管型端子)	0.5 mm^2 蓝色
20	DT7.6(ϕ3 叉型端子)	CPU SR40 Q0.5(管型端子)	0.5 mm^2 蓝色
21	DT7.7(ϕ3 叉型端子)	CPU SR40 Q0.6(管型端子)	0.5 mm^2 蓝色
22	DT7.8(ϕ3 叉型端子)	CPU SR40 Q0.7(管型端子)	0.5 mm^2 蓝色
23	DT7.9(ϕ3 叉型端子)	CPU SR40 Q1.0(管型端子)	0.5 mm^2 蓝色
24	DT7.10(ϕ3 叉型端子)	CPU SR40 Q1.1(管型端子)	0.5 mm^2 蓝色

5.1.4　光伏供电主电路

1)光伏供电主电路电气原理

光伏供电由光伏供电装置和光伏供电系统完成,光伏供电主电路电气原理图如图 5.1.10 所示。

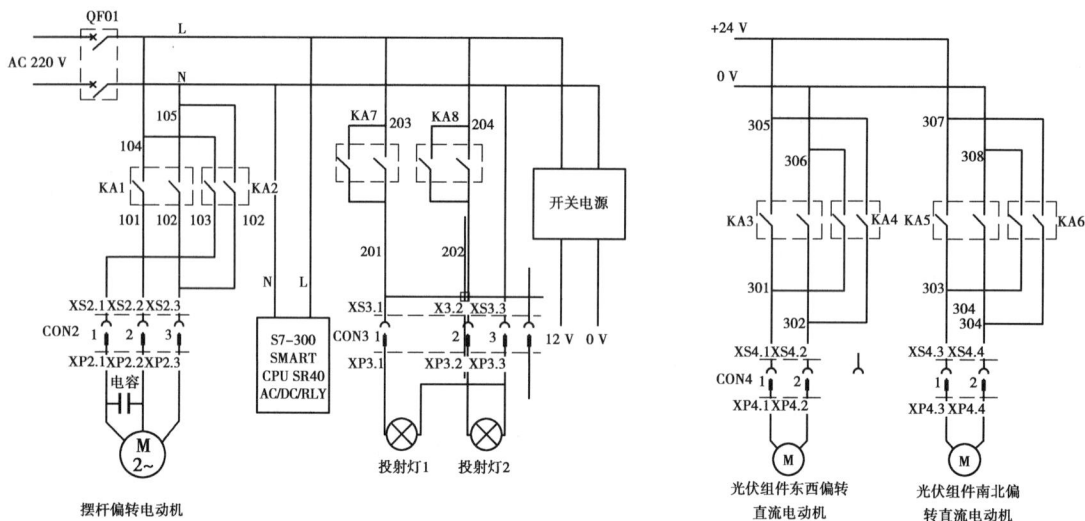

图 5.1.10　光伏供电主电路电气原理图

继电器 KA1 和继电器 KA2 将单相 AC 220 V 通过接插座 CON2 提供给摆杆偏转电动机,电动机旋转时,安装在摆杆上的投射灯由东向西方向或由西向东方向移动。摆杆偏转电动机是单相交流电动机,正反转由继电器 KA1 和继电器 KA2 分别完成。

继电器 KA7 和继电器 KA8 将单相 AC 220 V 通过接插座 CON3 分别提供给投射灯 1 和投射灯 2。

光伏电池方阵分别向东偏转或向西偏转是由水平运动直流电动机控制,正反转由继电器 KA3 和继电器 KA4 通过接插座 CON4 向直流电动机提供不同极性的直流 24 V 电源,实现直流电动机的正反转。光伏电池方阵分别向北偏转或向南偏转是由另一个俯仰运动直流电动机控制,正反转由继电器 KA5 和继电器 KA6 完成。

直流 12 V 开关电源提供给光线传感器控制盒中的继电器线圈使用。继电器 KA1 至继电器 KA8 的线圈使用 +24 V 电源。

2)光伏供电主电路接线

光伏供电主电路接线见表 5.1.18。

表 5.1.18　光伏供电主电路接线

序号	起始端位置	结束端位置	线型
1	L(QF01、ϕ4 型端子)	接线排 L(管型端子)	1 mm^2 红色
2	N(QF01、ϕ4 型端子)	接线排 N(管型端子)	1 mm^2 黑色
3	101(ϕ3 叉型端子)	接线排 XT1.4(管型端子)	0.75 mm^2 蓝色
4	102(ϕ3 叉型端子)	接线排 XT1.5(管型端子)	0.75 mm^2 蓝色
5	103(ϕ3 叉型端子)	接线排 XT1.3(管型端子)	0.75 mm^2 蓝色

续表

序号	起始端位置	结束端位置	线型
6	104(ϕ3 叉型端子)	接线排 L(管型端子)	0.75 mm^2 蓝色
7	105(ϕ3 叉型端子)	接线排 N(管型端子)	0.75 mm^2 蓝色
8	201(ϕ3 叉型端子)	接线排 XT1.6(管型端子)	1 mm^2 红色
9	202(ϕ3 叉型端子)	接线排 XT1.7(管型端子)	1 mm^2 红色
10	203(ϕ3 叉型端子)	接线排 L(管型端子)	1 mm^2 红色
11	204(ϕ3 叉型端子)	接线排 L(管型端子)	1 mm^2 红色
12	301(ϕ3 叉型端子)	接线排 XT1.8(管型端子)	0.5 mm^2 蓝色
13	302(ϕ3 叉型端子)	接线排 XT1.9(管型端子)	0.5 mm^2 蓝色
14	303(ϕ3 叉型端子)	接线排 XT1.10(管型端子)	0.5 mm^2 蓝色
15	304(ϕ3 叉型端子)	接线排 XT1.11(管型端子)	0.5 mm^2 蓝色
16	305(ϕ3 叉型端子)	接线排 +24 V(管型端子)	0.5 mm^2 红色
17	306(ϕ3 叉型端子)	接线排 0 V(管型端子)	0.5 mm^2 白色
18	307(ϕ3 叉型端子)	接线排 +24 V(管型端子)	0.5 mm^2 红色
19	308(ϕ3 叉型端子)	接线排 0 V(管型端子)	0.5 mm^2 白色
20	401(ϕ3 叉型端子)	接线排 +12 V(管型端子)	0.5 mm^2 红色
21	402(ϕ3 叉型端子)	接线排 0 V(管型端子)	0.5 mm^2 白色

5.1.5　西门子 S7-200 SMART CPU SR40

1) S7-200 SMART CPU SR40 输入输出接口

光伏供电系统使用西门子 S7-200 SMART CPU SR40 作为光伏供电装置工作的控制器,其本体集成 24 个输入点,16 个输出点,采用 AC 220 V 电源供电,继电器型输出,输入输出接口如图 5.1.11 所示。

2) S7-200 SMART CPU SR40 输入输出配置

S7-200 SMART CPU SR40 输入输出配置见表 5.1.19。

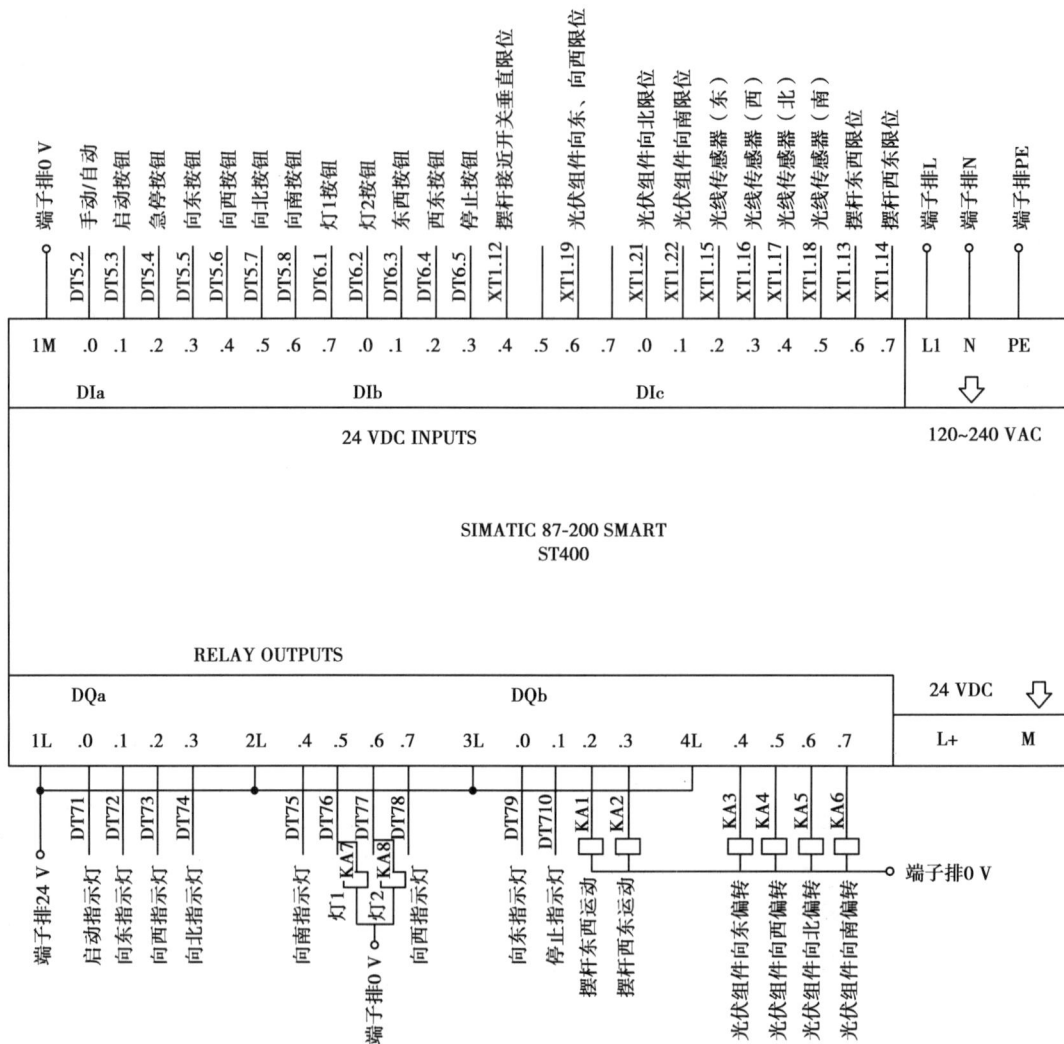

图 5.1.11　S7-200SMART CPU SR40 输入输出接口

表 5.1.19　S7-200 SMART CPU SR40 输入输出配置

序号	输入输出	配置	序号	输入输出	配置
1	I0.0	旋转开关自动挡	9	I1.0	灯 2 按钮
2	I0.1	启动按钮	10	I1.1	东西按钮
3	I0.2	急停按钮	11	I1.2	西东按钮
4	I0.3	向东按钮	12	I1.3	停止按钮
5	I0.4	向西按钮	13	I1.4	摆杆接近开关垂直限位
6	I0.5	向北按钮	14	I1.5	未定义
7	I0.6	向南按钮	15	I1.6	光伏组件向东、向西限位开关
8	I0.7	灯 1 按钮	16	I1.7	未定义

续表

序号	输入输出	配置	序号	输入输出	配置
17	I2.0	光伏组件向北限位开关	31	Q0.6	灯 2 按钮指示灯、KA8 线圈
18	I2.1	光伏组件向南限位开关	32	Q0.7	东西按钮指示灯
19	I2.2	光线传感器(光伏组件)向东信号	33	Q1.0	西东按钮指示灯
20	I2.3	光线传感器(光伏组件)向西信号	34	Q1.1	停止按钮指示灯
21	I2.4	光线传感器(光伏组件)向北信号	35	Q1.2	继电器 KA1 线圈
22	I2.5	光线传感器(光伏组件)向南信号	36	Q1.3	继电器 KA2 线圈
23	I2.6	摆杆东西向限位开关	37	Q1.4	继电器 KA3 线圈
24	I2.7	摆杆西东向限位开关	38	Q1.5	继电器 KA4 线圈
25	Q0.0	启动按钮指示灯	39	Q1.6	继电器 KA5 线圈
26	Q0.1	向东按钮指示灯	40	Q1.7	继电器 KA6 线圈
27	Q0.2	向西按钮指示灯	41	1M	0 V
28	Q0.3	向北按钮指示灯	42	2M	0 V
29	Q0.4	向南按钮指示灯	43	1L	DC24 V
30	Q0.5	灯 1 按钮指示灯、KA7 线圈	44	2L	DC24 V

3）S7-200 SMART CPU SR40 输入输出接线

S7-200 SMART CPU SR40 输入输出接线见表 5.1.20。

表 5.1.20　S7-200 SMART CPU SR40 输入输出接线

序号	起始端位置	结束端位置	线型
1	L(管型端子)	接线排 L(管型端子)	0.75 mm² 红色
2	N(管型端子)	接线排 N(管型端子)	0.75 mm² 黑色
3	GND(管型端子)	接线排 PE(管型端子)	0.75 mm² 黄绿色
4	1M(管型端子)	接线排 0 V(管型端子)	0.5 mm² 白色
5	1L(管型端子)	接线排 +24 V(管型端子)	0.5 mm² 红色
6	2L(管型端子)	接线排 +24 V(管型端子)	0.5 mm² 红色
7	3L(管型端子)	接线排 +24 V(管型端子)	0.5 mm² 红色
8	4L(管型端子)	接线排 +24 V(管型端子)	0.5 mm² 红色
9	I0.0(管型端子)	DT5.2(管型端子)	0.5 mm² 蓝色
10	I0.1(管型端子)	DT5.3(管型端子)	0.5 mm² 蓝色
11	I0.2(管型端子)	DT5.4(管型端子)	0.5 mm² 蓝色
12	I0.3(管型端子)	DT5.5(φ3 叉型端子)	0.5 mm² 蓝色

续表

序号	起始端位置	结束端位置	线型
13	I0.4(管型端子)	DT5.6(φ3 叉型端子)	0.5 mm² 蓝色
14	I0.5(管型端子)	DT5.7(φ3 叉型端子)	0.5 mm² 蓝色
15	I0.6(管型端子)	DT5.8(φ3 叉型端子)	0.5 mm² 蓝色
16	I0.7(管型端子)	DT6.1(φ3 叉型端子)	0.5 mm² 蓝色
17	I1.0(管型端子)	DT6.2(φ3 叉型端子)	0.5 mm² 蓝色
18	I1.1(管型端子)	DT6.3(φ3 叉型端子)	0.5 mm² 蓝色
19	I1.2(管型端子)	DT6.4(φ3 叉型端子)	0.5 mm² 蓝色
20	I1.3(管型端子)	DT6.5(φ3 叉型端子)	0.5 mm² 蓝色
21	I1.4(管型端子)	XT1.12(管型端子)	0.5 mm² 蓝色
22	I1.5 未定义		
23	I1.6(管型端子)	XT1.19(管型端子)	0.5 mm² 蓝色
24	I1.7 未定义		
25	I2.0(管型端子)	XT1.21(管型端子)	0.5 mm² 蓝色
26	I2.1(管型端子)	XT1.22(管型端子)	0.5 mm² 蓝色
27	I2.2(管型端子)	XT1.15(管型端子)	0.5 mm² 蓝色
28	I2.3(管型端子)	XT1.16(管型端子)	0.5 mm² 蓝色
29	I2.4(管型端子)	XT1.17(管型端子)	0.5 mm² 蓝色
30	I2.5(管型端子)	XT1.18(管型端子)	0.5 mm² 蓝色
31	I2.6(管型端子)	XT1.13(管型端子)	0.5 mm² 蓝色
32	I2.7(管型端子)	XT1.14(管型端子)	0.5 mm² 蓝色
33	Q0.0(管型端子)	DT7.1(φ3 叉型端子)	0.5 mm² 蓝色
34	Q0.1(管型端子)	DT7.2(φ3 叉型端子)	0.5 mm² 蓝色
35	Q0.2(管型端子)	DT7.3(φ3 叉型端子)	0.5 mm² 蓝色
36	Q0.3(管型端子)	DT7.4(φ3 叉型端子)	0.5 mm² 蓝色
37	Q0.4(管型端子)	DT7.5(φ3 叉型端子)	0.5 mm² 蓝色
38	Q0.5(管型端子)	DT7.6(φ3 叉型端子)	0.5 mm² 蓝色
39	Q0.6(管型端子)	DT7.7(φ3 叉型端子)	0.5 mm² 蓝色
40	Q0.7(管型端子)	DT7.8(φ3 叉型端子)	0.5 mm² 蓝色
41	Q1.0(管型端子)	DT7.9(φ3 叉型端子)	0.5 mm² 蓝色
42	Q1.1(管型端子)	DT7.10(φ3 叉型端子)	0.5 mm² 蓝色
43	Q1.2(管型端子)	KA1(KA1 线圈 φ3 叉型端子)	0.5 mm² 蓝色

续表

序号	起始端位置	结束端位置	线型
44	Q1.3(管型端子)	KA2(KA2 线圈 ϕ3 叉型端子)	0.5 mm² 蓝色
45	Q1.4(管型端子)	KA3(KA3 线圈 ϕ3 叉型端子)	0.5 mm² 蓝色
46	Q1.5(管型端子)	KA4(KA4 线圈 ϕ3 叉型端子)	0.5 mm² 蓝色
47	Q1.6(管型端子)	KA5(KA5 线圈 ϕ3 叉型端子)	0.5 mm² 蓝色
48	Q1.7(管型端子)	KA6(KA6 线圈 ϕ3 叉型端子)	0.5 mm² 蓝色

任务 5.2　光伏发电系统的触摸屏控制

【任务情境描述】

光伏发电作为一种可再生能源,对解决能源危机具有重要意义。光伏发电代表了世界未来能源供应的一种发展方向。学习光伏发电系统的使用,有很强的实用价值。触摸屏作为一种界面友好的手段,逐渐取代鼠标和键盘,在各种工业控制中得到了推广和普及,光伏发电系统也不例外。

【学习目标】

知识要求:

1. 了解光伏发电最大功率追踪的方法;

2. 熟悉光伏发电实训装置的功能;

3. 熟悉触摸屏的工作原理。

能力要求:

1. 能用触摸屏设计光伏发电实训装置的控制界面,并展开控制;

2. 能进行触摸屏、PLC、计算机的接线;

3. 能使用组态软件和 PLC 编程软件。

素质要求:

1. 能配合团队工作,和团队成员进行良好协作;

2. 诚信友善,具备基本职业道德素养;

3. 能细心地进行作业,具备创新意识;

4. 有精益求精的工作态度和安全规范操作的意识。

【任务书】

任务名称:触摸屏与 PLC 联合控制电动机顺序启停。

任务内容:设计一个用触摸屏与 PLC 联合控制的电动机顺序启停程序。要求:3 个电动机都有各自的启动和停止按钮。启动时,必须是电动机 3 先启动,电动机 2 才能启动,然后电动机 1 才能启动。停止时,必须是电动机 1 先停止,电动机 2 才能停止,然后电动机 3 才能停止。请用触摸屏来控制电动机,并且组态画面要有电动机转动的动画效果。

任务清单见表 5.2.1。

表 5.2.1　任务清单

任务内容	任务要求	验收方式
写出 I/O 分配表	要有 PLC 的 I/O 分配表,还要有触摸屏的变量通信通道表,不重不漏	材料提交
画出 PLC 电气接线图	符合电气绘图标准	材料提交
完成 PLC 程序设计并调试,实现任务功能性要求	实现任务功能性要求	成果展示

【任务分组】

任务分配表见表 5.2.2。

表 5.2.2　学生任务分配表

班级		组号		指导老师	
组长		学号			
组员 1		学号			
组员 2		学号			

任务分工:

设计任务	主要内容	分　工

【获取信息】

引导问题 1:触摸屏如何与计算机连接? 新建工程在选择触摸屏型号的时候要注意什么? 如何在组态软件中关联 PLC 设备?

_____

_____

_____

引导问题 2:触摸屏如何与 PLC 连接? PLC 与触摸屏的通信参数设置要注意什么?

_____

_____

_____

_____

引导问题 3:通过触摸屏控制 PLC,在输入通道的选择上有什么需要注意的? 能不能用软元件 I 作为输入通道?

_____

_____

_____

_____

【制订计划】

1. 预订计划

小组成员开展讨论,初步制订计划。

表 5.2.3　计划制订工作单(成员讨论使用)

1.任务解决方案 建议从不同功能要求分别描述解决方案。

续表

2. 任务涉及设备信息、使用工具、材料列表	
需要的电气装置、电气元件等	
需要的工具	
需要的材料	

2. 确定计划

请根据小组讨论及教师引导选择决策方式。小组根据检查、讨论确定计划,并在表 5.2.4 中用适当的方式予以表达。

表 5.2.4　计划决策工作单(小组决策使用)

1. 小组讨论决策

负责人:_____讨论发言人:_____

决策结论及方案变更:

_____

_____

_____

_____

_____

_____

_____

2. 小组互换决策

优点	缺点	综合评价 (A、B、C、D)	签名

3. 人员分工与进度安排

内容	人员	时间安排	备注

【实施计划】

按照确定的计划进行电路设计、元器件选择、配线、PLC 程序设计与调试等工作,并将实施的主要流程环节,每个流程中遇到问题及完成时间填写至表 5.2.10 中,部分成果分别填写至表 5.2.5—表 5.2.9 中。

表 5.2.5　元件和材料清单

元件或材料名称	符号	型号	数量

表 5.2.6　I/O 分配表

输入			输出		
输入元件	作用	输入继电器	输出元件	作用	输出继电器

表 5.2.7　PLC 接线图

表 5.2.8　梯形图设计

表 5.2.9　调试方案设计

序号	操作步骤	预计出现结果

表 5.2.10　过程记录

问题	解决方法或思路

【评价反馈】

评分标准见表 5.2.11。

表 5.2.11　评分标准

评价内容		配分	考核点	评分细则
职业基本素养（20分）	作业前期准备	10分	写出作业前准备工作： 1. 正确着装,穿戴劳动防护用品； 2. 正确检查工作现场的电源位置与状态,确保操作的安全性； 3. 正确清点操作所需仪表、工具、元器件的数量,并检查其状态符合作业要求。	1. 未按要求写出着装要求,扣3分； 2. 未按要求写出清点工具、仪表等,每项扣1分； 3. 未按要求写出工具摆放整齐,扣3分。
	6S规范	10分	写出6S规范： 1. 作业全程正确使用和摆放工器具、仪表、元器件,不出现使用及摆放不当造成的器具损坏； 2. 作业过程中无不文明行为,独立完成考核内容,能进行合理沟通与交流,正确应对突发事件； 3. 具有安全用电意识,操作符合安全规程要求； 4. 合理、正确选取材料,不造成材料浪费； 5. 作业结束后清理工器具、打扫工作现场。	1. 未按要求写出操作过程中摆放工具、仪表,杂物等,扣5分； 2. 未按要求写出完成任务后清理工位,扣5分； 3. 未按要求写出,换线断电,损坏设备,考试成绩为0分。
专业知识与技能（80分）	地址分配	20分	I/O的选择符合题目控制要求。	I/O未按题目要求设置,每处扣2分。
	控制程序输入	20分	1. 熟练操作编程软件,将设计的程序正确输入计算机,写入PLC； 2. 发现错误的输入点,能够进行更正。	1. 不会熟练操作软件输入程序,扣10分； 2. 不会进行程序删除、插入、修改等操作,每项扣2分； 3. 不会联机下载调试程序,扣10分。
	硬件接线	20分	熟练地按照硬件接线图接线。	无法按系统接线图正确安装,扣20分。
	功能调试	20分	1. 正确分析、处理调试中遇到的软、硬件故障,并能优化程序； 2. 正确记录程序运行、调试过程中的各种参数,以及故障现象,处理过程等。	1. 不能按控制要求调试系统,扣10分； 2. 不能达到控制要求,每处扣5分； 3. 调试时造成元件损坏或者熔断器熔断,每次扣10分。

组员任务量见表 5.2.12。

表 5.2.12　组员任务量

姓名	完成的工作	加权系数(教师给定)

评分见表 5.2.13。

表 5.2.13　评分

小组得分	(填组员姓名)得分	(　　　　)得分	(　　　　)得分	(　　　　)得分

【相关知识点】

1)触摸屏的组成

触摸屏设备由触摸屏检测装置(软件)和触摸屏控制器组成。其中,触摸屏检测装置安装在显示屏幕前面,用于检测触摸面上用户触摸点的位置,并将检测到的信息送往触摸屏控制器;触摸屏控制器接收触摸信息后,将它转换成触点坐标再送给 CPU,触摸屏控制器能接收 CPU 发来的命令并加以执行。

2)触摸屏的工作原理

为了操作上的方便,人们用触摸屏来代替鼠标、键盘和控制屏上的开关、按钮。工作时,用户首先用手指或其他物体触摸安装在显示器前端的触摸屏,然后系统根据手指触摸屏的图标和菜单的位置来定位选择信息输入。当人们触摸触摸屏时,所触摸的位置就会被触摸屏检测出来形成坐标值。触摸屏的位置坐标是绝对坐标,一般以屏幕上的左上角为原点。

3)触摸屏的分类

触摸屏主要分为电阻式触摸屏、电容式触摸屏、红外线触摸屏、表面声波触摸屏 4 类。工业控制系统中使用的触摸屏大多为电阻式触摸屏。

电阻式触摸屏是一种对外界完全隔离的工作环境,不怕灰尘、水汽和油污,可以用任何物体来触摸,可以用来写字画画,这是它们比较大的优势。电阻式触摸屏的精度只取决于 A/D 转换,定位准确。

电阻式触摸屏复合薄膜的外层采用塑胶材料,不知道的人太用力或使用锐器触摸可能划伤整个触摸屏而导致报废。此外,触摸屏抗干扰能力差,一般无法识别误动作,任何物体碰触都会引起动作,图 5.2.1 所示为手机初代电阻触摸屏。

图 5.2.1　手机触摸屏

4)触摸屏的使用

目前市场上有很多触摸屏产品,其性能和价格不同。工业触摸屏产品中比较有名的品牌有西门子、三菱、欧姆龙、昆仑通泰、威纶通、富士、研华等。不管是哪家触摸屏的产品,其构成系统的方式是一样的,都是通过 PC 机上的组态软件在触摸屏上创建控制画面,并通过触摸屏来控制其他设备,如 PLC 设备,如图 5.2.2 所示。

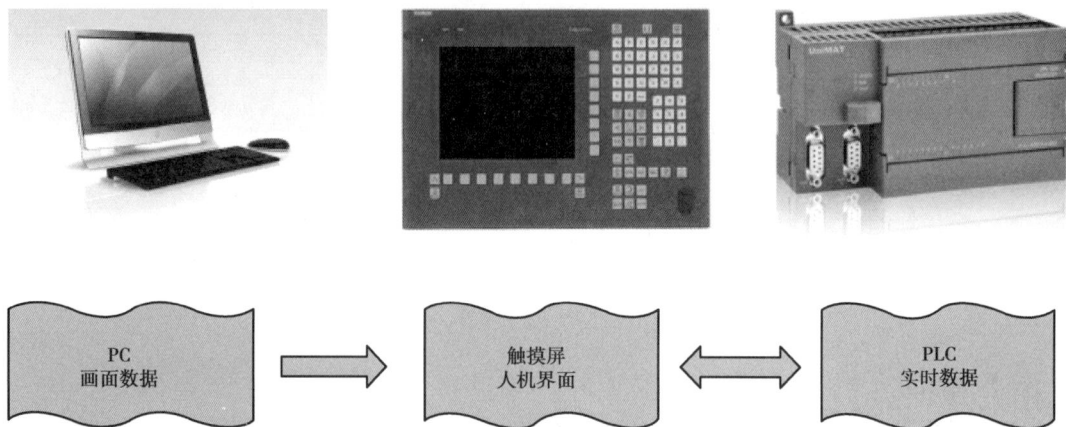

图 5.2.2　触摸屏控制系统示意图

一般用户可以通过以下步骤来实现人机界面对 PLC 监控:首先,在组态软件上创建工程,在工程画面上放置不同的图像元件,如开关元件、指示灯元件、数值显示元件,这些元件被称为对象,用户可对对象属性进行修改。其次,画面制作完成后,可用组态软件进行仿真,测试工程的准确性和可行性。最后,用通信电缆线或 PC 卡(存储卡)将创建的监控画面数据下载到触摸屏的存储器中,再把触摸屏连接到 PLC 上,运行阶段使计算机和触摸屏保持通信状态,操作人员只需用手指轻轻地触摸屏幕上的图形对象,PLC 便会执行相应的操作,即可对 PLC 进行控制,同时对运行的情况进行监视。

5)组态软件的使用

以昆仑通泰的 MCGS 组态软件为例说明其使用方法。MCGS 嵌入板生成的用户应用系统由主控窗口、设备窗口、用户窗口、实时数据库和运行策略 5 个部分构成。

主控窗口确定了工业控制中工程作业的总体轮廓,以及运行流程、特性参数和启动设备窗口专门用来放置不同类型和功能的设备构件,实现对外部设备的操作和控制。

设备窗口通过设备构件把外部设备的数据采集进来,送入实时数据库,或把实时数据库中的数据输出到外部设备。

用户窗口中可以放置 3 种不同类型的图形对象:图元、图符和动画构件。通过在用户窗口内放置不同的图形对象,用户可以构造各种复杂的图形界面,用不同的方式实现数据和流程的"可视化"。

实时数据库相当于一个数据处理中心,同时起到公共数据交换区的作用。从外部设备采集来的实时数据送入实时数据库,系统其他部分操作的数据也来自实时数据库。

运行策略本身是系统提供的一个框架,里面放置由策略条件构件和策略构件组成的"策略行",通过对运行策略的定义,使系统能够按照设定的顺序和条件操作任务,实现对外部设备工作过程的精确控制。

组建一个新的工程的一般过程为工程项目系统分析、工程立项搭建框架、设计菜单基本体系、制作动画显示画面、编写控制流程程序、完善菜单按钮功能、编写程序调试工程、连接设备驱动程序。

①工程项目系统分析:分析工程项目的系统构成、技术要求和工艺流程,弄清系统的控制流程和监控对象的特征,明确监控要求和动画显示方式,分析工程中的设备采集及输出通道与软件中实时数据库变量的对应关系,分清哪些变量是要求与设备连接的,哪些变量是软件内部用来传递数据及动画显示的。

②工程立项搭建框架(MCGS 称为建立新工程):定义工程名称、封面窗口名称和启动窗口(封面窗口退出后接着显示的窗口)名称,指定存盘数据库文件的名称以及存盘数据库,设定动画刷新的周期。经过此步操作,在 MCGS 组态环境中,建立了由 5 个部分组成的工程结构框架。封面窗口和启动窗口也可在建立了用户窗口之后再建立。

③设计菜单基本体系:为了对系统运行的状态及工作流程进行有效的调度和控制,通常要在主控窗口内编制菜单。编制菜单分两步进行:第一步是搭建菜单的框架;第二步是对各级菜单命令进行功能组态。在组态过程中,可根据实际需要,随时对菜单的内容进行增加或删除,不断完善工程菜单。

④制作动画显示画面:动画制作分为静态图形设计和动态属性设置两个过程。前一部分类似于"画画",用户通过 MCGS 组态软件中提供的基本图形元素及动画构件库,在用户窗口内"组合"成各种复杂的画面。后一部分则设置图形的动画属性,与实时数据库中定义的变量建立相关性的连接关系,作为动画图形的驱动源。

⑤编写控制流程程序:在运行策略窗口内,从策略构件箱中选择所需功能策略构件,构成各种功能模块(称为策略块),由这些模块实现各种人机交互操作。MCGS 还为用户提供了编程用的功能构件(称为"脚本程序"功能构件),用以使用简单的编程语言编写工程控制程序。

⑥完善菜单按钮功能:包括对菜单命令、监控器件、操作按钮的功能组态;实现历史数据、实时数据、各种曲线、数据报表、报警信息输出等功能;建立工程安全机制等。

⑦编写程序调试工程:利用调试程序产生的模拟数据,检查动画显示和控制流程是否正确。

⑧连接设备驱动程序:选定与设备相匹配的设备构件,连接设备通道,确定数据变量的数据处理方式,完成设备属性的设置。此项操作在设备窗口内进行。

最后测试工程各部分的工作情况,完成整个工程的组态工作,实施工程交接。

6)举例说明

准备好昆仑通泰 TPC7062 触摸屏、计算机、MCGS 组态软件、西门子 S7-200PLC。根据接口连接导线。电源口接 24 V 直流电源,USB 口接计算机,串口接 PLC 设备触摸屏实物图及接口图分别如图 5.2.3、图 5.2.4 所示,其计算机 USB 线与 PLC 串口线如图 5.2.5 所示。

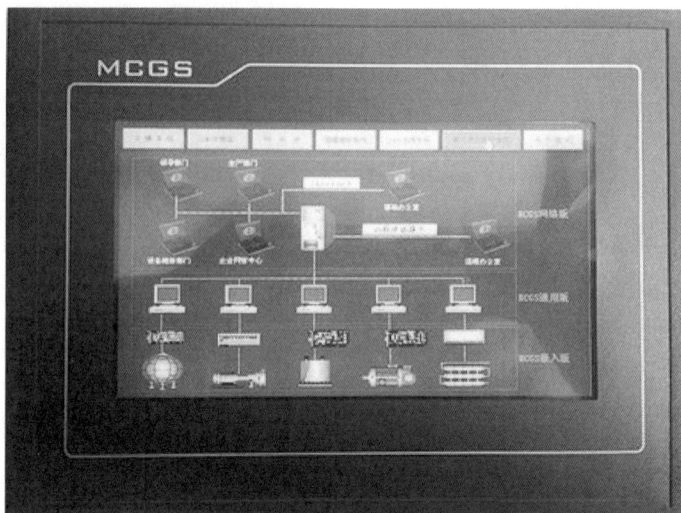

图 5.2.3　TPC7062 触摸屏前视图

　　在安装了 MCGS 嵌入式组态软件的计算机上,用鼠标双击 Windows 操作系统的桌面上的组态环境快捷方式,打开嵌入式组态软件,建立工程。如图 5.2.6 所示,建立一个类似的触摸屏组态,按下启动按钮,灯变绿。按下停止按钮灯熄灭,灯变红。

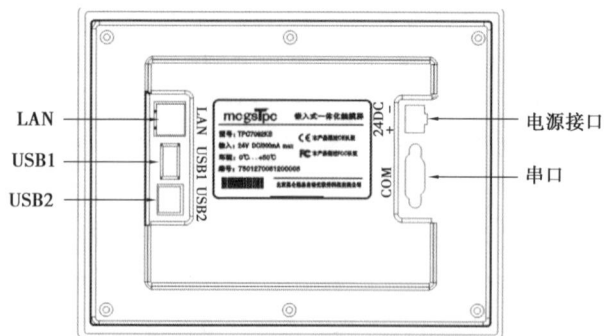

项目	TPC7062K
LAN（RJ45）	以太网接口
串口（DB9）	$1 \times RS232$，$1 \times RS485$
USB1	主口，USB1.1兼容
USB2	从口，用于下载工程
电源接口	24 DC ± 20%

图 5.2.4　触摸屏接口图

图 5.2.5　计算机 USB 线与 PLC 串口线

图 5.2.6　触摸屏组态练习

（1）新建工程

单击文件菜单中"新建工程"选项，弹出"新建工程设置"对话框（图 5.2.7），触摸屏类型根据实际情况选择，如选择"TPC7062K"，单击"确定"按钮。选择文件菜单中的"工程另存为"菜单项，弹出文件保存窗口。在文件名一栏内输入自己认为合适的名字，单击"保存"按钮，工程创建完毕。

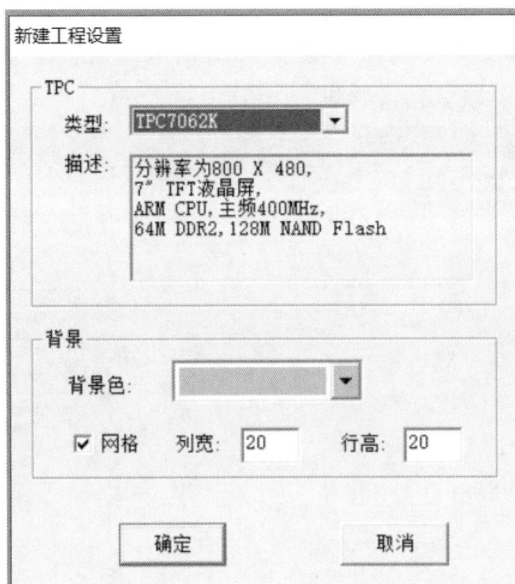

图 5.2.7　新建工程设置对话框

（2）工程组态

①设备组态。在工作台中激活设备窗口，鼠标双击"设备窗口"图标进入设备组态画面，单击工具条中的"设备工具箱"，如图 5.2.8 所示。

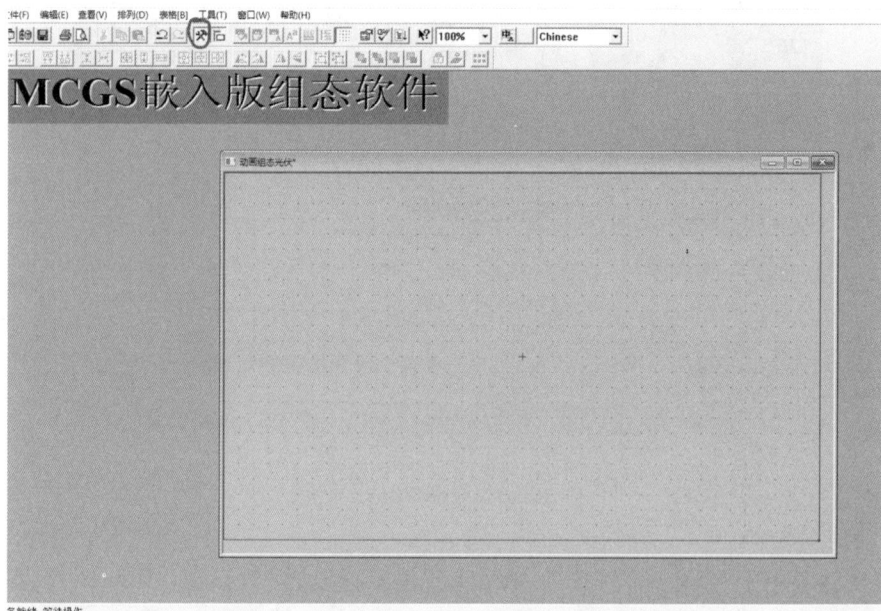

图 5.2.8　设备窗口

如果使用的是西门子 S7-200PLC，在设备工具箱中，按顺序用鼠标先后双击"通用串口父设备"和"西门子_S7200PPI"，将其添加至组态画面窗口，如图 5.2.9 所示。将会提示是否使用西门子默认通信参数设置父设备，如图 5.2.10 所示，单击"是"按钮。

所有操作完成后关闭设备窗口，返回工作台。

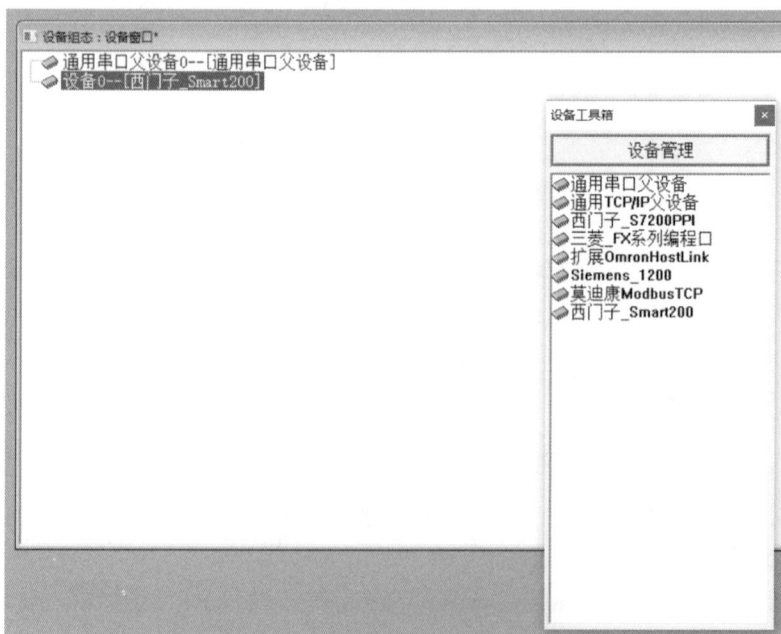

图 5.2.9　添加设备

图 5.2.10 选择设备参数

②窗口组态。在工作台中激活用户窗口,单击"新建窗口"按钮,建立新画面"窗口 0",如图 5.2.11 所示。可以单击"窗口属性"修改窗口名称,也可以不改。

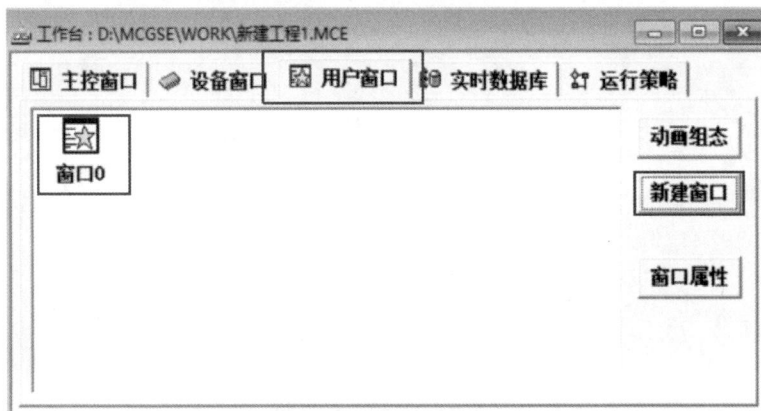

图 5.2.11 用户窗口

建立变量。单击"实时数据库"中"新增对象",然后双击新增的对象。修改对象名称"启动按钮",对象类型"开关",单击"确定",如图 5.2.12 所示。

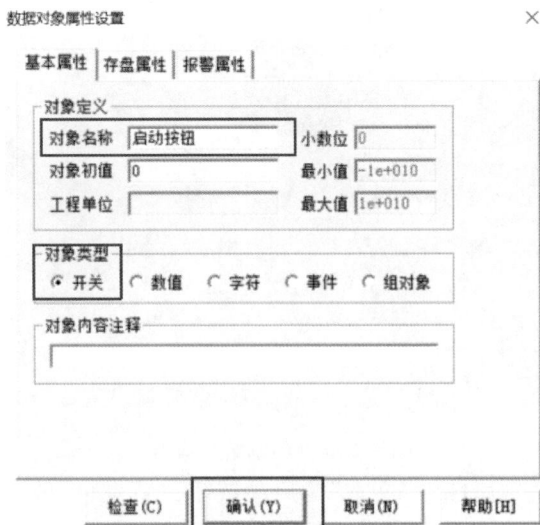

图 5.2.12 数据对象属性

用同样的方式新增停止按钮、指示灯两个开关型变量。

数据变量有 5 种类型,主要用到的是开关型和数值型,开关型只有 0 和 1 两个值,0 一般表示关,1 一般表示开。数值型可以用于关联具体某个物理量的数值。

(3)绘制组态界面

双击"窗口 0",单击工具箱图标,选择合适的器件,绘制组态界面。工具箱里面有很多元件可以选择,每个元件有不同的作用,如图 5.2.13、图 5.2.14 所示。

图 5.2.13　单击工具箱

图 5.2.14　绘制组态画面

双击"按钮",修改基本属性中"文本"为启动按钮,"背景色"改为绿色,如图 5.2.15 所示,单击"操作属性",在"按下功能"里面选择"按 1 松 0",如图 5.2.16 所示,代表按下按钮对应的数据值为 1,松开按钮对应的数据值为 0。单击"?"按钮,在数据中心双击"启动按钮",将数据和启动按钮进行数据关联,如图 5.2.17 所示,用同样的方法可以设置停止按钮和指示灯的名称、颜色和数据属性。

图 5.2.15　启动按钮基本属性

图 5.2.16　启动按钮操作属性

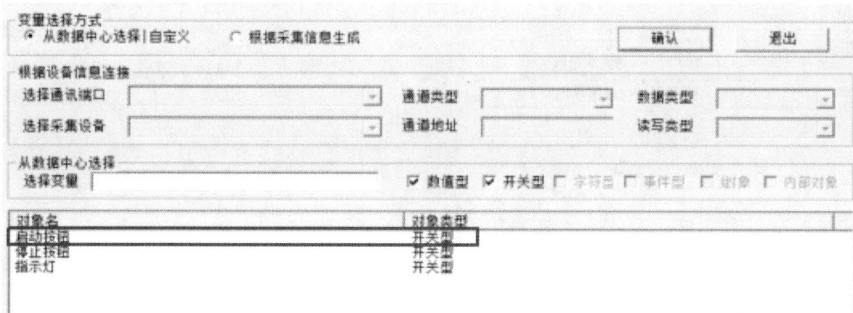

图 5.2.17　按钮与数据关联

（4）建立数据通道

为了把触摸屏按钮的信息传递给 PLC，以及把 PLC 的处理结果反馈回触摸屏并显示出来，必须建立起触摸屏和 PLC 的数据通道。由于有双向数据沟通的需要，所以数据通道必须是可读可写的，不能是只读的，输入要用 M 而不能用 I，输出可以用 M 也可以用 Q。单击设备窗口的"西门子 S7200"，单击增加通道，选择 M 寄存器，地址 10 代表是 M10，数据类型 00 通道数量 3 代表是从 M10.0 到 M10.2。如图 5.2.18 和图 5.2.19 所示。将通道和变量进行连接，如图 5.2.20 所示。

图 5.2.18　增加数据通道

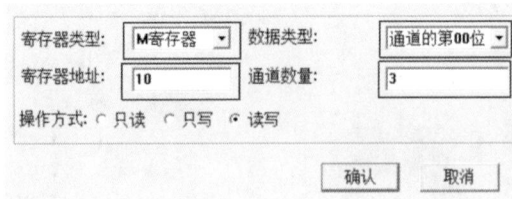

图 5.2.19　寄存器类型选择

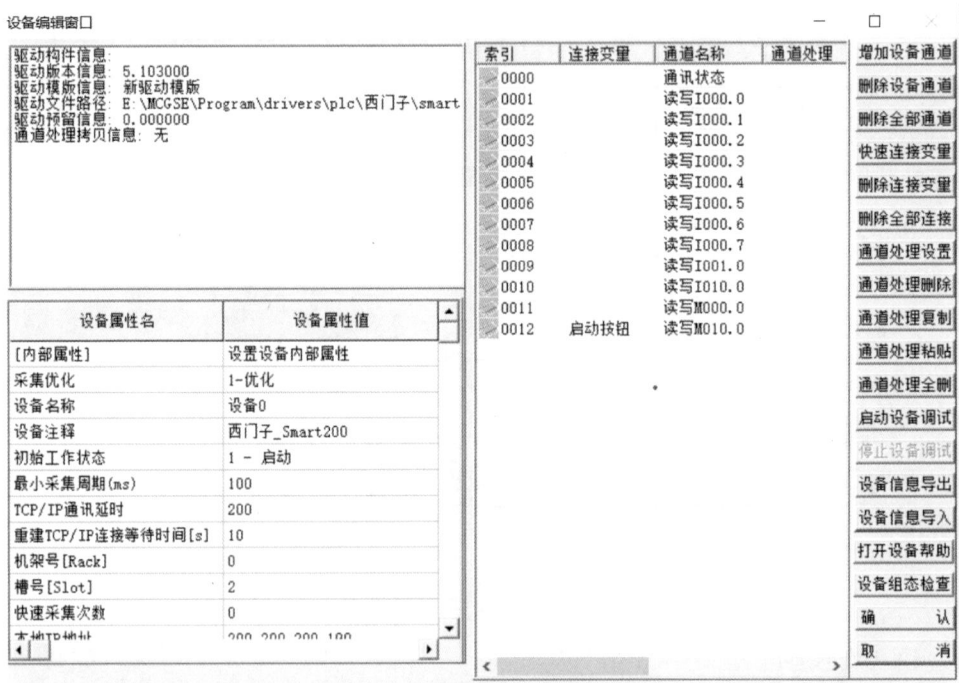

图 5.2.20　通道与变量的连接

(5)工程调试

在组态软件中选择"连机运行",连接方式选择"USB 通讯",单击"工程下载",即可将组态界面下载到触摸屏上显示出来。

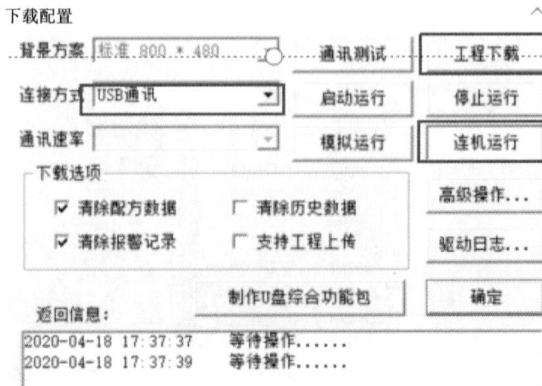

图 5.2.21　工程下载

然后在计算机上编写 PLC 控制程序,输入 PLC 设备里面,即可实现通过触摸屏控制 PLC 设备的功能,如图 5.2.22 所示。

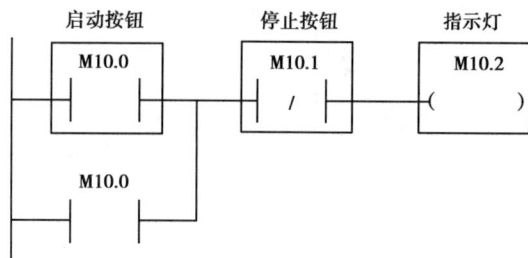

图 5.2.22　PLC 控制程序

任务 5.3　光伏发电系统组态界面的设计

【任务书】

任务名称:光伏发电系统组态界面设计。

任务内容:用组态软件做一个控制界面,使用触摸屏和 PLC 联合对光伏发电系统进行控制,具体控制要求与项目五的任务 5.1 基本相同。

任务清单见表 5.3.1。

表 5.3.1　任务清单

任务内容	任务要求	验收方式
写出 I/O 分配表	要有 PLC 的 I/O 分配表,还要有触摸屏的变量通信通道表,不重不漏	材料提交
画出 PLC 电气接线图	符合电气绘图标准	材料提交
完成 PLC 程序设计并调试,实现任务功能性要求	实现任务功能性要求	成果展示

【任务分组】

任务分配表见表 5.3.2。

表 5.3.2　学生任务分配表

班级		组号		指导老师	
组长		学号			
组员 1		学号			
组员 2		学号			

任务分工：

设计任务	主要内容	分　工

【获取信息】

引导问题 1：什么是光伏发电的最大功率追踪？

_____

_____

_____

引导问题 2：有哪些方法可以实现光伏发电的最大功率追踪？

_____

_____

_____

引导问题 3：本系统采用的是哪种最大功率追踪手段？具体如何操作？

_____

_____

_____

【制订计划】

1. 预订计划

小组成员开展讨论,初步制订计划。

表 5.3.3　计划制订工作单(成员讨论使用)

1. 任务解决方案
建议从不同功能要求分别描述解决方案。

2. 任务涉及设备信息、使用工具、材料列表	
需要的电气装置、电气元件等	
需要的工具	
需要的材料	

2. 确定计划

请根据小组讨论及教师引导选择决策方式。小组根据检查、讨论确定计划,并在表 5.3.4 中用适当的方式予以表达。

表 5.3.4　计划决策工作单(小组决策使用)

1. 小组讨论决策
负责人:＿＿＿＿＿讨论发言人::＿＿＿＿＿＿＿＿＿＿＿＿
决策结论及方案变更:

续表

2. 小组互换决策			
优点	缺点	综合评价 （A、B、C、D）	签名

3. 人员分工与进度安排

内容	人员	时间安排	备注

【实施计划】

按照确定的计划进行电路设计、元器件选择、配线、PLC 程序设计与调试等工作，并将实施的主要流程环节，按类别填入表 5.3.5—表 5.3.10。

表 5.3.5 元件和材料清单

元件或材料名称	符号	型号	数量

表 5.3.6 I/O 分配表

输入			输出		
输入元件	作用	输入继电器	输出元件	作用	输出继电器

续表

输入			输出		
输入元件	作用	输入继电器	输出元件	作用	输出继电器

表 5.3.7　PLC 接线图

表 5.3.8　梯形图设计

表 5.3.9　调试方案设计

序号	操作步骤	预计出现结果

表 5.3.10　过程记录

问题	解决方法或思路

【评价反馈】

评分标准见表 5.3.11。

表 5.3.11　评分标准

评价内容		配分	考核点	评分细则
职业基本素养（20分）	作业前期准备	10 分	写出作业前准备工作： 1. 正确着装,穿戴劳动防护用品; 2. 正确检查工作现场的电源位置与状态,确保操作的安全性; 3. 正确清点操作所需仪表、工具、元器件的数量,并检查其状态符合作业要求。	1. 未按要求写出着装要求,扣 3 分; 2. 未按要求写出清点工具、仪表等,每项扣 1 分; 3. 未按要求写出工具摆放整齐,扣 3 分。
	6S 规范	10 分	写出 6S 规范： 1. 作业全程正确使用和摆放工器具、仪表、元器件,不出现使用及摆放不当造成的器具损坏; 2. 作业过程中无不文明行为,独立完成考核内容,能进行合理沟通与交流,正确应对突发事件; 3. 具有安全用电意识,操作符合安全规程要求; 4. 合理、正确选取材料,不造成材料浪费; 5. 作业结束后清理工器具、打扫工作现场。	1. 未按要求写出操作过程中摆放工具、仪表,杂物等,扣 5 分; 2. 未按要求写出完成任务后清理工位,扣 5 分; 3. 未按要求写出,换线断电,损坏设备,考试成绩为 0 分。

续表

评价内容		配分	考核点	评分细则
专业知识与技能（80分）	地址分配	20分	I/O 的选择符合题目控制要求。	I/O 未按题目要求设置,每处扣2分。
	控制程序输入	20分	1. 熟练操作编程软件,将设计的程序正确输入计算机,写入 PLC; 2. 发现错误的输入点,能够进行更正。	1. 不会熟练操作软件输入程序,扣10分; 2. 不会进行程序删除、插入、修改等操作,每项扣2分; 3. 不会联机下载调试程序,扣10分。
	硬件接线	20分	熟练地按照硬件接线图接线。	无法按系统接线图正确安装,扣20分。
	功能调试	20分	1. 正确分析、处理调试中遇到的软、硬件故障,并能优化程序; 2. 正确记录程序运行、调试过程中的各种参数,以及故障现象,处理过程等。	1. 不能按控制要求调试系统,扣10分; 2. 不能达到控制要求,每处扣5分; 3. 调试时造成元件损坏或者熔断器熔断,每次扣10分。

组员任务量见表5.3.12。

表5.3.12　组员任务量

姓名	完成的工作	加权系数(教师给定)

评分见表5.3.13。

表5.3.13　评分

小组得分	(填组员姓名)得分	(　　)得分	(　　)得分	(　　)得分

【相关知识点】

1)监控系统

(1)监控系统组成

监控系统主要由一体机、键盘、鼠标、接线排、电源插座、通信线、串口服务器、工业交换机、微软操作系统、力控组态软件组成,如图 5.3.1 所示。

　　光伏供电系统的 PLC、风力供电系统的 PLC 通信方式采用以太网通信,通信接口分别为 LAN1、LAN2,6 块智能数显仪表、风力供电系统的变频器通信方式为 RS485,通信接口分别为 COM3、COM7,光伏供电系统的充电控制器、风力供电系统的充电控制器、逆变与负载系统的逆变控制器通信方式为 RS232,通信接口分别为 COM4、COM5、COM6,再利用串口网关服务器把串口数据流快速解析成 TCP/IP 协议的数据包,进行 IP 化的管理、IP 化的数据存取,通信接口为 LAN3,监控系统上位机连接到 LAN4,实现异构组网,但其中 6 块智能数显仪表不与串口网管服务器连接,直接连接 KNET-BOX 的 COM2 端口,如图 5.2.24 所示。

　　(2)监控界面

　　监控系统具有光伏供电系统界面,光伏供电系统界面设有相应的按钮,可实现光伏电池方阵自动跟踪功能,如图 5.3.2 所示。

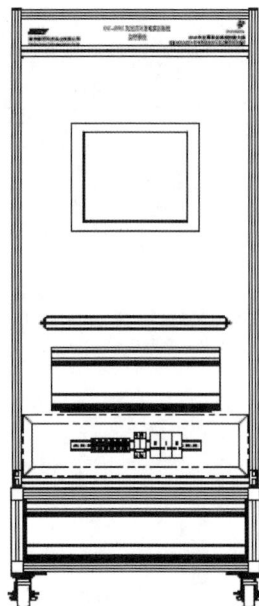

图 5.3.1　监控系统

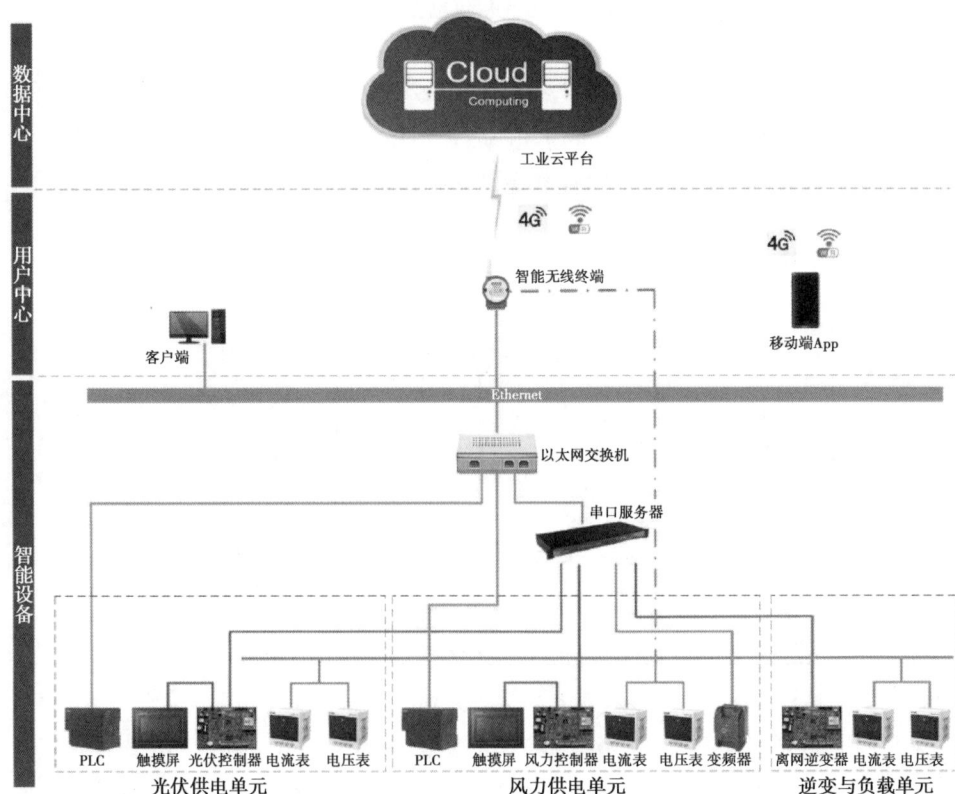

图 5.3.2　风光互补发电拓扑图

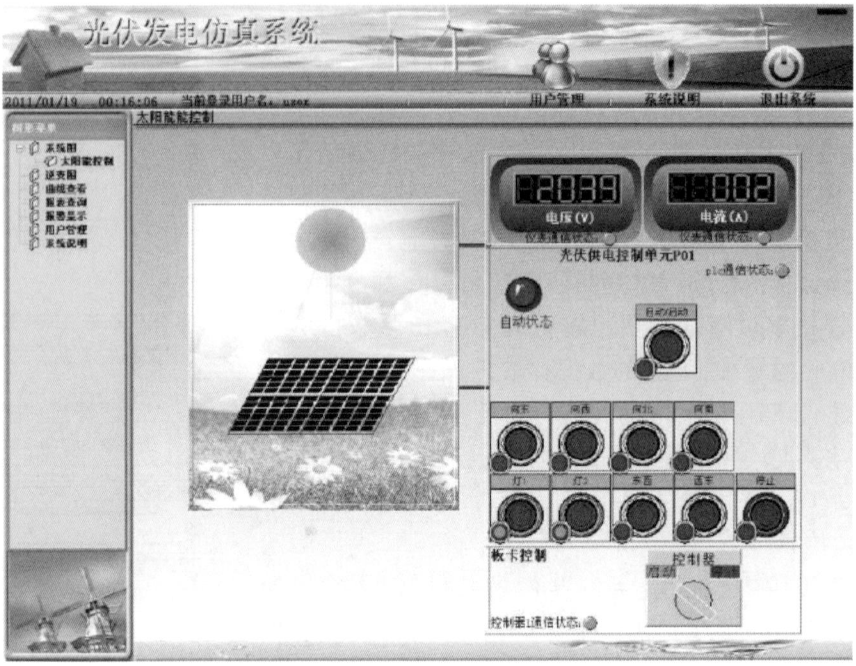

图 5.3.3　光伏供电控制界面

2）光线传感器

光线传感器的电原理图如图 5.3.4 所示。IC1a 和 IC1b 是电压比较器，电阻 R_3 和 R_4 给 IC1a 和 IC1b 电压比较器提供反相端固定电平，R_{G1}、R_{P1} 和 R_1 为 IC1a 电压比较器提供同相端电平，R_{G2}、R_{P2} 和 R_2 为 IC1b 电压比较器提供同相端电平。

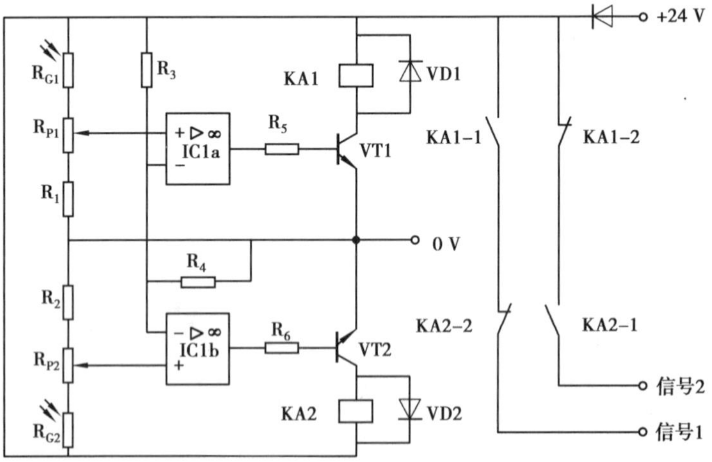

图 5.3.4　光线传感器电原理图

在无光照或暗光的情况下，光敏电阻 R_{G1} 的阻值较大，R_{G1}、R_{P1} 和 R_1 组成的分压电路提供给 IC1a 电压比较器同相端的电平低于 IC1a 电压比较器反相端的固定电平，IC1a 电压比较器输出低电平，三极管 VT1 截止，继电器 KA1 不导通，常开触点 KA1-1 和常闭触点 KA1-2 保持常态，信号 1 端无电平输出。同样在无光照或暗光的情况下，R_{G2}、R_{P2} 和 R_2 组成的分压电路提供给 IC1b 电压比较器同相端的电平低于 IC1b 电压比较器反相端的固定电平,三极管 VT2 截止,继电器 KA2 不导通,常开触点 KA2-1 和常闭触点 KA2-2 保持常态,信号 2 端无电平输出。

将光敏电阻 R_{G1} 和光敏电阻 R_{G2} 安装在透光的深色有机玻璃罩中,光敏电阻 R_{G1} 和光敏电阻 R_{G2} 在罩中用不透光的隔板分开。当太阳光或灯光斜照射在光敏电阻 R_{G1} 一侧,光敏电阻 R_{G1} 受光照射,其阻值变小;光敏电阻 R_{G2} 没有受到光的照射,其阻值不变。R_{G1}、R_{P1} 和 R_1 组成的分压电路提供给 IC1a 电压比较器同相端的电平高于 IC1a 电压比较器反相端的固定电平,IC1a 电压比较器输出高电平,三极管 VT1 导通,继电器 KA1 线圈得电导通,常开触点 KA1-1 闭合、常闭触点 KA1-2 断开,信号 1 端输出高电平。PLC 接收该高电平后,控制水平方向和俯仰方向运动机构中的相应的直流电动机旋转,使光伏电池方阵向光敏电阻 R_{G1} 一侧偏转。同样的道理,当太阳光或灯光斜照射在光敏电阻 R_{G2} 一侧,信号 2 端输出高电平,PLC 控制水平方向和俯仰方向运动机构中的相应的直流电动机旋转,使光伏电池方阵向光敏电阻 R_{G2} 一侧偏转。

光伏电池方阵在偏转过程中,当太阳光或灯光处在光敏电阻 R_{G1} 和光敏电阻 R_{G2} 上方,IC1a 电压比较器和 IC1b 电压比较器均输出高电平,三极管 VT1 和 VT2 导通,继电器 KA1 和 KA2 的线圈得电导通,常开触点 KA1-1 和 KA2-1 闭合、常闭触点 KA1-2 和 KA2-2 断开,信号 1 端和信号 2 端无电平输出,水平方向和俯仰方向运动机构中的相应的直流电动机停止动作,光伏电池方阵也停止偏转。

实际的光线传感器在透光的深色有机玻璃罩中安装了 4 个光敏电阻,用十字形不透光的隔板分别隔开,这 4 个光敏电阻所处的位置分别定义为东、西、北、南。东、西光敏电阻和北、南光敏电阻分别组成如图 5.2.26 所示的电路,有 4 路信号提供给 PLC。当光线传感器接受不同位置的光照时,PLC 会控制水平方向和俯仰方向运动机构中的直流电动机旋转,直到光伏电池方阵正对着光源为止。

3)光伏电池的输出特性

(1)光伏电池的短路电流 ISC

光伏电池的短路电流是指将光伏电池置于标准光源的照射下,输出短路时,流过光伏电池两端的电流。短路电流 ISC 与光伏电池的 P-N 结面积有关,光伏电池的 P-N 结面积越大,短路电流 ISC 越大。光伏电池的短路电流 ISC 与入射光谱辐射照度成正比。当环境温度升高时,短路电流 ISC 略有上升,环境温度每升高 1 ℃,短路电流 ISC 约上升 78 μA。

(2)光伏电池的开路电压 UOC

光伏电池的开路电压是指将光伏电池置于特定的太阳光照强度和环境温度下,输出开路时,光伏电池的输出电压。光伏电池的开路电压与光谱辐照度有关,与光伏电池的 P-N 结面积无关。当入射光谱辐照度变化时,光伏电池的开路电压 UOC 与入射光谱辐射度的对数成正比。当环境温度升高时,光伏电池的开路电压 UOC 将下降,环境温度每升高 1 ℃,光伏电池的开路电压 UOC 将下降 3~5 mV。

（3）光伏电池的输出特性曲线

在特定的太阳光照强度和环境温度下，光伏电池的负载 R_L 的阻值从 0 逐渐变化到无穷大时，可以得到光伏电池的输出特性曲线即光伏电池的 I-V 特性曲线，如图 5.3.5 所示。将 I-V 特性曲线上各工作点所对应的光伏电池的输出电压值和电流值相乘，得到光伏电池的输出功率曲线。光伏电池的 I-V 特性曲线和光伏电池的输出功率曲线是两条非线性曲线，当调节负载 R_L 的电阻为某一值时，光伏电池输出的功率为最大值，此工作点为光伏电池的最大功率点。该工作点所对应的功率称为最大功率点功率 P_m，该工作点所对应的光伏电池输出电压称为最大功率点电压 U_m，该工作点所对应的光伏电池输出电流称为最大功率点电流 I_m。光伏电池的输出特性曲线对分析光伏电池的特性非常重要，可知光伏电池是一个既非恒压源又非恒流源的非线性直流电源。

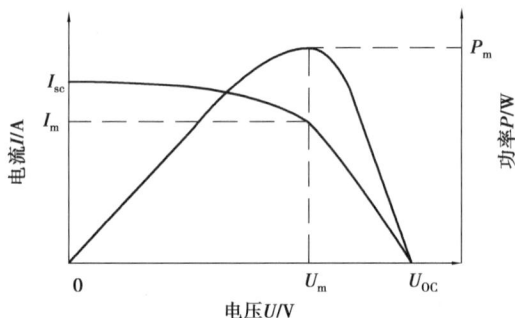

图 5.3.5　光伏电池的输出特性曲线

（4）太阳能光伏电池最大功率点跟踪

光伏阵列输出特性具有非线性特征，并且其输出受太阳辐照度、环境温度、负载情况影响。只有在某一输出电压值时，光伏阵列的输出功率才能达到最大值，这时光伏阵列的工作点就达到了输出功率电压曲线的最高点，称为最大功率点。光伏电池的光电转换效率比较低，为了有效利用光伏电池，对光伏发电进行最大功率跟踪（the Maximum Power Point Tracking，MPPT）显得非常重要。目前，国内外文献提出的多种跟踪方法其实质是一个寻优过程，即通过太阳能电池端电压来控制最大功率的输出。太阳能电池阵列的输出功率特性曲线如图 5.3.6 所示。

由图可知，当太阳能电池工作于最大功率点 V_{max} 左侧时，其输出功率随电池端电压的上升而增加；当太阳能电池工作于最大功率点电压 V_{max} 右侧时，其输出功率随电池端电压的上升而减少。此外，MPPT 控制可以先根据采集到的太阳能电压电流值以及功率值来判断其运行在哪个工作区，然后根据不同的工作区采取不同的工作指令进行跟踪控制。

光伏阵列的最大功率点是一个时变量，可以采用搜索算法进行最大功率点跟踪。其搜索算法可分为非自寻优和自寻优两种。非自寻优算法是根据外界环境因素（如光照和温度）的变化，利用数学型或表方法确定最大功率点。该方法在实际中很少采用，本书不进行详述。自寻优算法是不直接检测外界环境因素的变化，而是通过直接测量得到的电信号，判断最大功率点的位置，从而进行追踪。目前文献提出的自寻优算法主要包括扰动观察法、增量电导法、恒定电压法、短路电流法以及基于爬山法或扰动观测法的改进自适应算法。

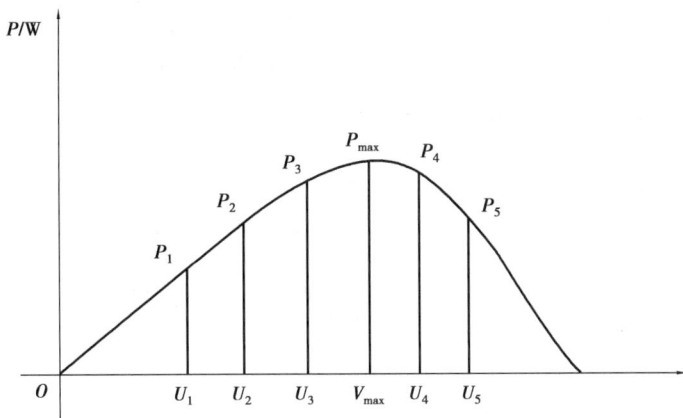

图 5.3.6 光伏电池输出功率特性

恒定电压法(Constant Voltage Tracking,CVT):在日照强度较高时,诸条曲线的最大功率点几乎分布于一条垂直线的两侧,这说明阵列的最大功率输出点大致对应于某个恒定电压,这就大大简化了系统 MPPT 的控制设计,即人们仅需从生产厂商处获得 V_m 数据并使阵列的输出电压钳位于 V_m 值即可,实际上是把 MPPT 控制简化为稳压控制,这就构成了 CVT 式的 MPPT 控制。采用 CVT 较之不带 CVT 的工作方式要有利得多,对一般光伏系统可望获得多至 20% 的电能。CVT 控制的优点如下:

①控制简单,易实现,可靠性高。

②系统不会出现振荡,有很好的稳定性。

③可以方便地通过硬件实现。

但是这种跟踪方式忽略了温度对阵列开路电压的影响,在早晚和四季温差变化剧烈的情况下功率损失会很大,且必须有人工干预才能良好运行,实际上 CVT 只是一种近似的最大功率点跟踪方法。采用 CVT 以实现 MPPT 控制,由于其良好的可靠性和稳定性,目前在独立光伏系统中仍被较多使用。随着光伏系统控制技术的计算机及微处理器化,该方法逐渐被新方法所替代。

滞环比较法:在外界环境并不时常快速变化的系统中,常用滞环比较法实现太阳能电池的 MPPT,它能避免一旦外界环境快速变化时引起控制器的"误判"现象。滞环比较法控制原理在于使系统的工作点不随外界环境快速改变而变化,而是等其变化缓慢后再跟踪太阳能电池的最大功率。滞环比较法原理详述如下:

如果在曲线最大功率点处任意选取 3 个不同的位置 A、B、C(对应占空比依次增大),则曲线段可分为 5 种形式,如图 5.3.7 所示。在分析如何改变 DC/DC 变换器占空比变化的方向以实现太阳能电池的 MPPT 之前,程序设定了一个符号运算变量 F,其初始值为 0。F 赋值原则为:当 A 点输出功率小于 B 点的时,F = F + 1,否则 F = F - 1;同时当 C 点输出功率小于 B 点时,F = F - 1,否则 F = F + 1。比较完毕后,如果 F = 2,则判断 DC/DC 变换器的占空比 D 需增加一个增量 α;F = -2 则认为 D 需减小一个 α;F = 0,则认为系统当前工作在最大工作点而保持当前 D 不变。在 A、B、C 三点功率检测上,控制器先默认当前工作点为 B 点并读取其输出功率,然后控制 D 增加一倍 α 以读取 C 点的功率,再减小两倍 α 以读取 A 点的功率。连续检测 3 点功率后再比较计算出变量 F 的值来判断占空比改变的方向。

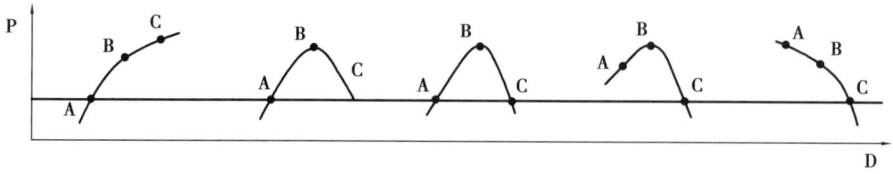

图 5.3.7 最大功率点附近 P-D 曲线的 5 种形式

滞环比较法控制流程如图 5.3.8 所示。图中,D、α 为系统中 DC/DC 变换器的占空比和占空比增量;F 为符号运算变量,其值在 0、2、−2 间选择;V_A、I_A、P_A、D_A;V_B、I_B、P_B、D_B;V_c、I_c、P_c、D_c 分别代表 A、B、C 三点的电压、电流、功率和 DC/DC 变换器的占空比。

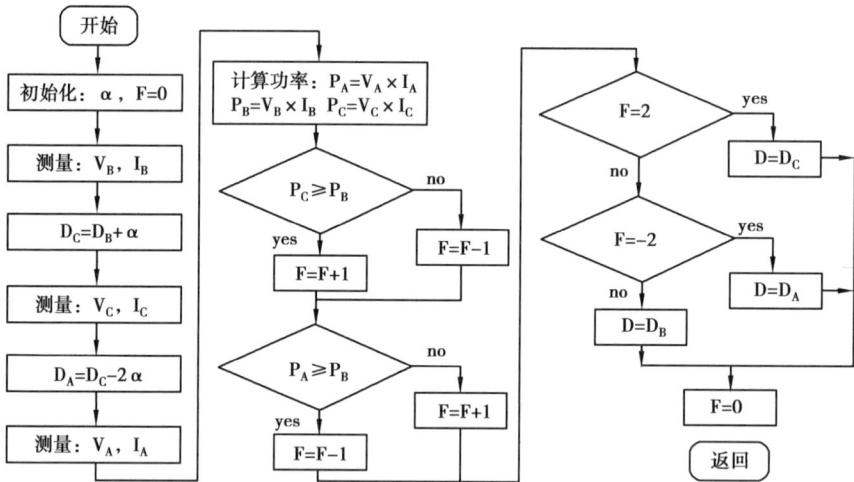

图 5.3.8 滞环比较法控制流程图

滞环比较法消除了由太阳光辐射度的不确定性、太阳能电池工作温度的变化、负载的变化以及太阳能电池输出特性强烈的非线性特征而造成的影响,当通过 DSP 执行时,能够获得比较理想的效果。系统采用滞环比较法来实现 MPPT 充电过程。

参考文献

［1］姜新桥.PLC 应用技术项目教程(西门子 ST-200)［M］.西安:西安电子科技大学出版社,2014.

［2］陈忠平.西门子 S7-200PLC 从入门到精通［M］.北京:中国电力出版社,2020.

［3］赵景波,阿伦,巩雪,等.零基础学 S7-200 PLC［M］.2 版.北京:机械工业出版社,2013.

［4］龚运新,赵厚玉,戚本志.PLC 技术及应用——基于西门子 S7-200［M］.北京:清华大学出版社,2009.

［5］刘振全,韩相争,王汉芝.西门子 PLC 从入门到精通［M］.北京:化学工业出版社,2018.